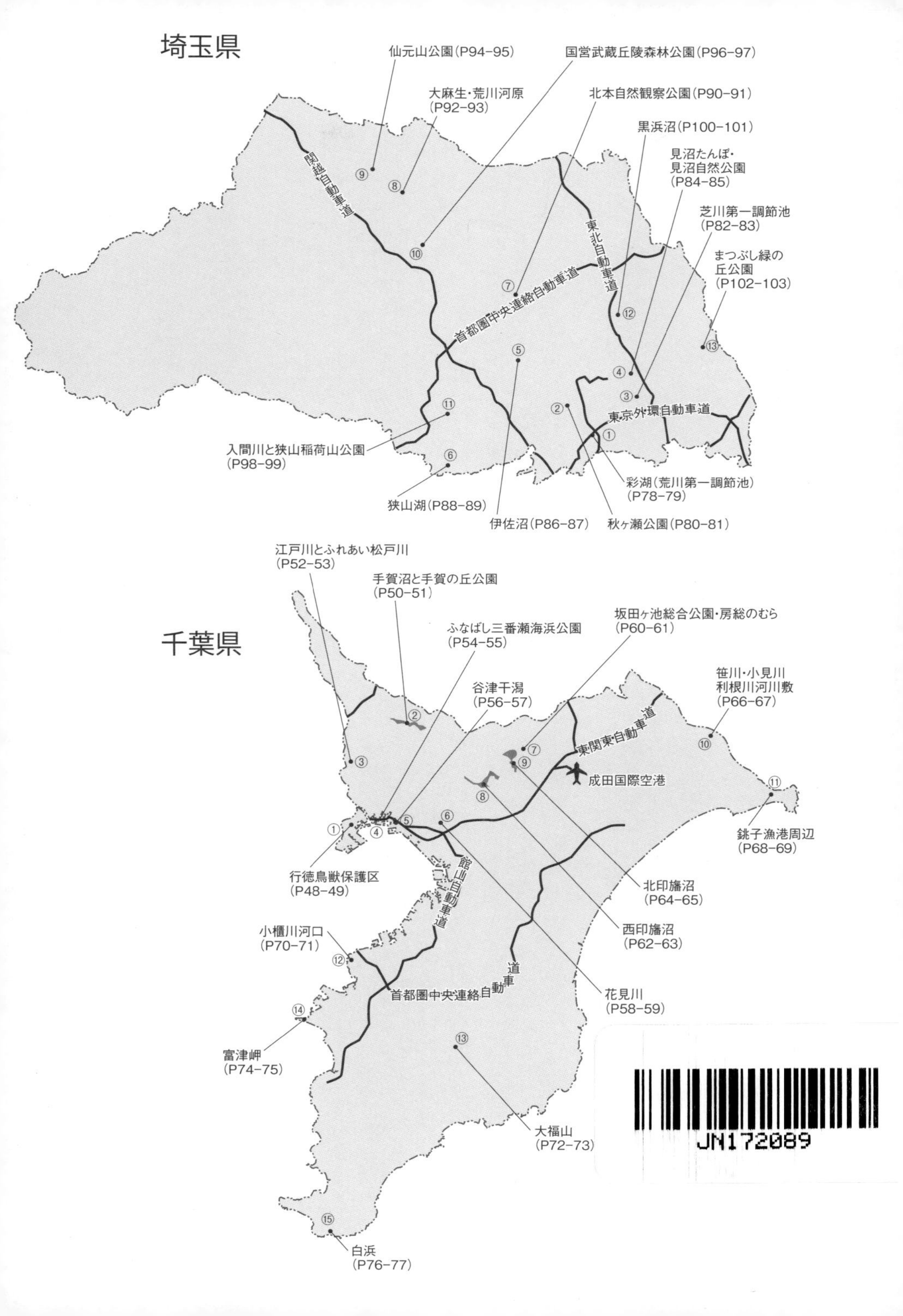
埼玉県
仙元山公園（P94−95）
国営武蔵丘陵森林公園（P96−97）
大麻生・荒川河原
（P92−93）
北本自然観察公園（P90−91）
黒浜沼（P100−101）
見沼たんぼ・
見沼自然公園
（P84−85）
芝川第一調節池
（P82−83）
まつぶし緑の
丘公園
（P102−103）
関越自動車道
東北自動車道
首都圏中央連絡自動車道
東京外環自動車道
入間川と狭山稲荷山公園
（P98−99）
狭山湖（P88−89）
伊佐沼（P86−87）
彩湖（荒川第一調節池）
（P78−79）
秋ヶ瀬公園（P80−81）
千葉県
江戸川とふれあい松戸川
（P52−53）
手賀沼と手賀の丘公園
（P50−51）
ふなばし三番瀬海浜公園
（P54−55）
坂田ヶ池総合公園・房総のむら
（P60−61）
谷津干潟
（P56−57）
笹川・小見川
利根川河川敷
（P66−67）
東関東自動車道
成田国際空港
銚子漁港周辺
（P68−69）
行徳鳥獣保護区
（P48−49）
館山自動車道
北印旛沼
（P64−65）
西印旛沼
（P62−63）
小櫃川河口
（P70−71）
首都圏中央連絡自動車道
花見川
（P58−59）
富津岬
（P74−75）
大福山
（P72−73）
白浜
（P76−77）
JN172089

新 日本の探鳥地

首都圏編

東京都，神奈川県，埼玉県，千葉県，
茨城県，栃木県，群馬県

BIRDER編集部●編

オオソリハシシギ　写真：廣田純平

目次 CONTENTS

東京都

千葉県

埼玉県

秋が瀬公園付近（埼玉県）

神奈川県

これはオススメ！

群馬県

栃木県

茨城県

渡良瀬遊水地（栃木県）

本書の使い方 HOW TO USE

1 紹介する探鳥地の名前と概略をまとめてあります。

3 その探鳥地でバードウォッチングをするのに適切な時期を表記してあります。

5 紹介する探鳥地のおすすめのコースや特徴，イメージについてまとめてあります。

6 見られる鳥の種類と探鳥地の環境をアイコンで表記してあります。

きたもとしぜんかんさつこうえん
北本自然観察公園
北本市
MAPCODE 14 346 058*14
1 2 3 4 5 6 7 8 9 10 11 12

カワセミ

埼玉県

「北本自然観察公園」は大宮台地北端部に位置する面積約 30 ha の公園で，関東ローム層で覆われた台地を小河川が浸食した樹枝状の谷地にある。かつて谷地田（谷戸田）があった場所を湿地・池とし，その周囲の斜面林と草はらの台地とともに里地里山の環境として残し，維持管理している。開園は 1992 年と比較的新しいが，隣接する北里大学メディカルセンター病院の敷地はかつて農事試験場跡地で，その周囲は「石戸宿（いしとじゅく）」と呼ばれた探鳥地であり，過去にバードサンクチュアリ設定の働きかけがあった。

園内は散策路や木道が整備され，変化に富んだ環境のため，さまざまな鳥を観察することができる。春は渡り途中のヒレンジャク，キビタキ，オオルリ，サシバが立ち寄り，初夏にはホトトギスが見られるようになる。秋はツツドリやエゾビタキが立ち寄り，冬はカモ類，ルリビタキ，ベニマシコ，ミヤマホオジロ，アカハラ，シロハラ，トラツグミ，アリスイと，四季折々，野鳥観察が楽しめる。

探鳥の拠点となる「埼玉県自然学習センター」は，1 階が展示室となっており，図鑑などの資料も充実しているほか，2 階には望遠鏡が設置され，池のカモ類などを観察できる。館内に掲示された野鳥情報を見て，目当ての鳥を探すとよいだろう。

荒川の土手の桜並木（桜堤）のほか，園内のエドヒガンザクラ（北本市指定天然記念物）や，近隣の東光寺の「石戸蒲（いしとかば）ザクラ」といった桜の名所があり，春は多くの花見客でにぎわう。

〔吉原俊雄〕

探鳥環境

90 | 北本自然観察公園

代表的な鳥	ワシタカ類	カモメ，アビ，ミズナギドリなどの海鳥。	カワセミ，カワガラス，キセキレイなどの川の鳥。	カモ，カイツブリ，ガンなど。	オオヨシキリ，ヒバリ，コジュリンなど。	ヒヨドリ，モズ，シジュウカラなどの身近な鳥。	シギ・チドリ類。	ライチョウ，イワヒバリなど高山の鳥。	ミソサザイ，コマドリ，オオルリなど。	サンコウチョウやホオジロなど。
環境		海，海岸，港など	川の流れる地域	湖沼や池	アシ原や草地	公園など	田んぼ，畑，湿地，干潟など	高山，岩場など	山地から亜高山の林	里山，平地から低山の森

2 車でのアクセスに便利なマップコードを表記。マップコード対応のカーナビがあれば，記載された数字を入力するだけで探鳥地近くの駐車場や探鳥のスタート地点までスムーズに到達できます。

4 必要な装備をアイコンで表記してあります。

- 双眼鏡をもっていくと便利
- 望遠鏡をもっていくと便利
- ふつうのスニーカーで行っても平気
- 足下のしっかりしたものが必要
- 防寒着が必要
- 公共機関でのアクセスに不便で，マイカーが便利
- マイカーによるアクセスの際，スタッドレスタイヤが必要（冬季）

注：地図中の★マークは鳥の見られるポイントを示しています。

自然学習センターで園内の地図を入手し，館内のホワイトボード（生きものマップ）に掲示している観察された野鳥と見られた場所（番号柱の番号で表示）を確認すれば，園内にある番号柱を頼って目的の場所に行くことができる。生きものマップは毎日更新され，鳥だけでなく，昆虫や植物の情報も記載されている。自然学習センターの休館日でも入園は可能。

埼玉県

鳥情報

季節の鳥／

（春）ヒレンジャク，オオルリ，キビタキ，コサメビタキ，イカル，サシバなど
（夏）オオヨシキリ，ダイサギ，ツバメ。初夏にホトトギス，ムシクイ類，サンコウチョウなど
（秋）サシバ，ツツドリ，エゾビタキ，コサメビタキ，シマアジなど
（冬）クイナ，アリスイ，ルリビタキ，アトリ，アカゲラ，アオゲラ，シロハラ，アカハラ，セグロセキレイ，キセキレイ，シメ，ウソ，アオジ，カシラダカ，ミヤマホオジロ，ミソサザイ，カヤクグリなど
（通年）シジュウカラ，ウグイス，メジロ，ホオジロ，カワセミ，コゲラ，キジバト，アオサギ，バン，カイツブリ，カルガモ，キジ，コジュケイ，トビ，ノスリ，モズ，ヒヨドリ，カワラヒワ，カワウ，オオタカなど

撮影ガイド／

鳥との距離が近いため 400 mm 程度のレンズがあれば十分。歩道が狭いため，三脚を広げての撮影は周囲に配慮したい。

問い合わせ先／

埼玉県自然学習センター（9～17 時，月曜日休館）
Tel: 048-593-2891
http://www.saitama-shizen.info/koen/

メモ・注意点／

- 自然学習センターによる自然観察会が開催されているほか，日本野鳥の会埼玉主催の探鳥会が偶数月の第一日曜日（9 時集合）に実施されている。

探鳥地情報

［アクセス］

- 車：圏央道「桶川北本 IC」から約 3km
- 電車・バス：JR 高崎線「北本駅」下車，西口から川越観光自動車「北里大学メディカルセンター」または「石戸蒲ザクラ入口」行きに乗車し，約 15 分，「自然観察公園前」下車

［施設・設備］

- 駐車場：あり。無料（ただし，混雑する時期には満車で駐車できないことがある）
- トイレ：あり（駐車場，自然観察センター館内など）
- バリアフリー設備：あり（自然学習センターのホームページにバリアフリー情報が掲載されている）
- 食事処：北里大学メディカルセンター内にレストランとコンビニがある。また，飲料水は自然学習センター館内に 1 か所，自動販売機は正門正面，駐車場側の道路際のみのため，飲み物は持参したい

［After Birdwatching］

- 桜堤から少し北に歩くと果樹園があり，秋は梨など果実が販売されている。また，荒川を挟んだ対岸の吉見町はイチゴが名産品。春，荒井橋を渡った先の沿道にはイチゴ直売店が並ぶ。

園内のエドヒガンザクラ

北本自然観察公園 | 91

7 どんな種類の鳥が見られるのか，その探鳥地で有名な鳥や，おすすめの探鳥時期，探鳥地への主なアクセス方法，交通機関，トイレなどの施設，探鳥地周辺の見どころなどの情報を記してあります。

※アクセス情報やマップに関しては最新の情報を基にしていますが，その後の開発などにより環境が変化している可能性もあります。道路マップや時刻表などでご確認のうえお出かけください。

※探鳥地や各施設の入場・開場時間，利用料金，休日などの各データは季節などの条件で変動することがあります。事前にご確認ください。

※本文で紹介した鳥は，実際には見られないこともあり得ます。

※各探鳥地では，地元の方々の迷惑にならないようマナーを厳守して，バードウォッチングを楽しんでください。

※「マップコード」および「MAPCODE」は（株）デンソーの登録商標です。

めいじじんぐう

明治神宮

渋谷区　MAPCODE® 609 773*88

1	2	3	4	5	6	7	8	9	10	11	12

探鳥会風景

初詣客日本一を誇る明治神宮は，2020 年に鎮座 100 周年を迎える人工の鎮守の森である。2013 年にまとめられた調査で記録された生物種は 2,840 種。鳥類では 1993 年以降，93 種が記録されている。100 年の時を経て，奇跡の森と呼ばれるにふさわしい良質な自然環境ができあがっている。

境内はクスやスダジイを中心とする照葉樹林に覆われ，まるで山中の森を歩いているようだ。うっそうとした木々の間からヤマガラ，コゲラ，ヒヨドリ，メジロなど森林の鳥の声が響いてくる。宝物殿前に広がる芝生広場に出ると空が開け，春～夏にはツバメが舞っているだろう。上空にタカ類の姿を見ることもあるほか，春や秋の渡り時期には思わぬ鳥とも出会える場所であり，秋になるとミズキにはヒタキ類がやってくる。その近くの北池はカモ類やカワセミなどの観察ポイントだ。本殿南側の御苑は元は大名家の庭園で，明るい林と清正井を水源とする南池がある。好物のエゴノキが多いこともありヤマガラが間近で見られ，冬はアオジ，ルリビタキも近い。ここもカワセミをよく見る。

野鳥以外でも，さまざまな植物，きのこ，昆虫，爬虫類，哺乳類などとの出会いが期待できるフィールドである。気の向くままに分け入って，「宝探し」を楽しもう。

〔糸嶺篤人〕

探鳥環境

森の中の小道

芝生広場から北池を望む

宝物殿側のケヤキ

代々木口から北参道右手の森に入ろう。しばらく歩き，北池に出る。宝物殿の先までは芝生広場が広がる。好きな道を通って本殿に出て，正面の参道を進むと御苑の入り口がある。御苑では南池の周りから菖蒲田，清正井まで往復するとよいだろう。いろいろな小道に迷い込んでみるのも楽しい。

鳥情報

季節の鳥／

（春）キビタキ，オオルリ，センダイムシクイ，コマドリ
（秋）エゾビタキ，コサメビタキ
（冬）マガモ，ルリビタキ，アオジ，シロハラ，ツグミ，シメ，アトリ
（通年）オオタカ，カワセミ，ヤマガラ，シジュウカラ，コゲラ，エナガ

撮影ガイド／

境内は原則として三脚使用禁止なので，手持ちでカバーできるレンズで対応する必要がある。宝物殿前の芝生広場や南北の池は比較的明るいが，ほかはうっそうとした森が広がり，林床は暗いので，F 値の大きなレンズが有利。

問い合わせ先／

明治神宮社務所　Tel: 03-3379-5511（代表）
http://www.meijijingu.or.jp/

メモ・注意点／

- 明治神宮は境内の森そのものが御神域であり，落枝などによる事故が予想される場合を除き，できるだけ人の手を加えず自然に任せた管理をしている。参道の脇に柵はないが林内は立ち入り禁止である。また，歩行中の飲食・喫煙が禁止されているほか，動物を連れ込むことも不可。神聖な場所であることを念頭において行動してほしい。ほかの参拝客や弓道などの研修に訪れる人も多く，観察時は道をふさがないなどの配慮を。

探鳥地情報

【アクセス】

- 車：首都高速「代々木」「新宿」「富ヶ谷」「渋谷」出口から 10 分以内，明治通り北参道または神宮前交差点からすぐ。ただし周辺はよく渋滞する
- 電車：JR・都営地下鉄大江戸線「代々木駅」より徒歩約 8 分，東京メトロ副都心線「北参道駅」1 番出口から徒歩約 5 分で代々木口（北口）。JR 山手線「原宿駅」表参道口より徒歩約 1 分，東京メトロ「明治神宮前駅」より徒歩 1 ～ 5 分で原宿口（南口）。小田急線「参宮橋駅」から徒歩約 5 分で参宮橋口（西口）

【施設・設備】

- 開門・閉門時間：日の出から日の入りまで（月ごとに変更される。御苑は 9：00 ～ 16：00 開園）
- 入場料：無料。御苑への入園は協力金 500 円が必要
- 駐車場：あり
- トイレ：境内に数か所
- バリアフリー設備：南北参道の端のみ車いす・ベビーカーが通りやすいよう石畳を設置している
- 食事処：境内の明治神宮文化館内に軽食がとれる無料休憩所と「レストランよよぎ」がある。周辺には食事処，コンビニも多数ある

【After Birdwatching】

- 隣接する代々木公園でも探鳥を楽しむことができる。このほか近隣の探鳥地としては，新宿御苑や国立科学博物館附属自然教育園がある。

こうきょしゅうへん

皇居周辺

千代田区  675 473*41

1	2	3	4	5	6	7	8	9	10	11	12

日比谷堀のカワセミ

皇居と隣接する北の丸公園，日比谷公園，皇居を取り巻く内堀・外堀は，都心のただ中にある貴重な緑地帯となっている。皇居の一部である東御苑は，かつて江戸城の本丸・二の丸・三の丸だった場所。二の丸庭園の池と雑木林を中心としたエリアと，天守跡の前に広がる芝生広場を中心としたエリアに分かれており，それぞれの環境を好む鳥たちが集まってくる。

梅林坂にウメの花が咲くころから夏まで，雑木林の中ではシジュウカラやヤマガラが活発に飛び回り，メジロの美しいさえずりが響く。一変して広々とした空間の本丸では，周囲の木々でヒヨドリが木の実をついばみ，芝生の上をハクセキレイやムクドリが動き回っているはずだ。初夏には上空にツバメの姿を見るだろう。

秋～冬にはジョウビタキが飛来，雑木林ではモズの高鳴きが聞こえ，耳を澄ませば食物を探すシロハラの落ち葉をかき分ける音も聞こえるはずだ。ツグミの姿も目にするだろう。この季節のもう１つの楽しみが，内堀・外堀のカモやカモメたちだ。日比谷公園に近い日比谷濠にはユリカモメやセグロカモメが集まり，桜田濠～半蔵濠ではヨシガモやオカヨシガモ，オオバン，キンクロハジロ，ホシハジロなどが観察できる。

北の丸公園，日比谷公園も四季を通じて身近な野鳥を中心に観察が楽しめるポイントだが，東御苑も含め，春や秋の渡り時期に意外な鳥が羽を休めていることがある。

〔井守美穂〕

探鳥環境  

日比谷公園内の雲形池

早春から初夏にかけては，大手門～雑木林～東御苑と歩くと，シジュウカラ，メジロなどの小鳥類の姿やさえずりを楽しめる。日比谷公園，北の丸公園でも多くの小鳥たちと出会える。冬は皇居周辺の内堀，外堀沿いをカモメ類，カモ類，カイツブリ，オオバンなどを観察しながらゆっくりと歩くのがおすすめ。なお，梅林坂のウメの花の見ごろは２月中旬，４月上旬の本丸のサクラも見事。

鳥情報

季節の鳥

（春・初夏）シジュウカラ，ヤマガラ，メジロ，ツバメ
（秋・冬）ヨシガモ，オカヨシガモ，キンクロハジロ，ホシハジロ，セグロカモメ，ユリカモメ，ジョウビタキ，シロハラ，ツグミ，アオジ，モズ，コゲラ

メモ・注意点

- 東御苑，北の丸公園，日比谷公園では宴会が禁止されているため，飲食はできる限りベンチに座ってとるようにしたい。また，皇居の外周はランナーが多く，接触を避けるためにも歩行時・観察時は周囲への配慮が必要。もちろん動植物の採取は禁止である。

春，二の丸庭園の池周辺に咲くシャガ。東御苑は花の名所でもある

桜田堀のカルガモ（左）とマガモ（右）

探鳥地情報

【アクセス】

■電車：JR「東京駅」より徒歩約 10 分。東京メトロ千代田線「大手町駅」より徒歩約５分（大手門）。東京メトロ東西線「竹橋駅」より徒歩約３分（平川門）。東京メトロ有楽町線「桜田門駅」より徒歩約５分（桜田濠）

【施設・設備】

皇居東御苑

■開園時間：9：00 ～ 16：30（入園は 16：00 まで）
季節により閉園の時間が異なる
■休園日：月曜・金曜
そのほか宮中特別行事のあるときは閉園になる
■入園料：無料
■駐車場：なし
■トイレ：三の丸休憩所，雑木林，本丸，平川門などにあり（身障者用トイレは本丸，平川門にある）
■食事処：東御苑内は飲食できないが，周辺にはレストランなどが多数ある

【After Birdwatching】

- 三の丸尚蔵館では，折々にテーマを変えて皇室の貴重な所蔵品や資料が展示され，見学することができる。

いのかしらおんしこうえん

井の頭恩賜公園

三鷹市，武蔵野市　MAPCODE® 5 113 054*23

1 2 3 4 5 6 7 8 9 10 11 12

井の頭池の象徴，カイツブリ

「住みたい街」に常に挙げられる人気のエリア，吉祥寺にある郊外型公園。神田川の水源にもなっている井の頭池と，武蔵野の面影を残す雑木林とで構成され，公園内を玉川上水が流れる。市街地の中の貴重な緑地帯であり，春と秋には季節移動の中継地として夏鳥が立ち寄り，冬には冬鳥が越冬する。

池を象徴する鳥はなんといってもカイツブリだ。井の頭公園ほど，人とカイツブリの距離が近いフィールドはそうそうないだろう。春から夏にかけて，ほほえましい子育ての様子をかなり近い距離で観察することができる。初夏はカルガモやバンもこの池で繁殖する。秋から冬にかけてはオナガガモ，ハシビロガモ，ホシハジロ，キンクロハジロなどのカモ類やオオバンが越冬する。カワセミが目の前に止まることも多く，特に秋冬は距離が近い傾向がある。

雑木林を象徴する鳥はアオゲラ。人との距離が比較的近いのは池のカイツブリと同様で，利用者の多い公園ならではといえる。雑木林での探鳥が最もおもしろいのは４～６月で，コサメビタキやキビタキ，オオルリ，ムシクイ類が立ち寄り，５月の連休明けから下旬にかけてはサンコウチョウが立ち寄ることもある。秋にはエゾビタキが立ち寄り，サクラには毛虫を目当てにツツドリやホトトギスがやってくる。冬季はルリビタキ，ジョウビタキ，ツグミ，シロハラ，アオジ，シメなどが越冬する。森林性の鳥を観察するには，玉川上水沿いがよく，特に「小鳥の森」は水場や観察窓など，観察設備も充実している。なお，雑木林では林床の植生や希少植物を保護するためにも，柵内には立ち入らないよう注意したい。

〔髙野 丈〕

探鳥環境

「吉祥寺駅」から歩いて５分，公園内に入るとまず井の頭池に架けられた七井橋に出る。橋から池の鳥を観察したら，弁財天方面へ。茶屋や山野草園の脇の道を上がると，御殿山とよばれる雑木林へ出る。林を奥まで進んでいくと玉川上水へぶつかる。下流へ進み，ほたる橋を右岸へ渡ると，少し下流に小鳥の森がある。

鳥情報

季節の鳥／

(春) ツバメ，サンコウチョウ，メボソムシクイ，エゾムシクイ，センダイムシクイ，コサメビタキ，キビタキ，オオルリ

(秋) ツツドリ，サンコウチョウ，メボソムシクイ，エゾムシクイ，センダイムシクイ，エゾビタキ，コサメビタキ，キビタキ，オオルリ

(冬) オナガガモ，ハシビロガモ，ホシハジロ，キンクロハジロ，オオバン，ツグミ，シロハラ，ジョウビタキ，ルリビタキ，モズ，シメ，アオジ

(通年) カルガモ，カイツブリ，キジバト，カワウ，ゴイサギ，オオバン，カワセミ，コゲラ，アオゲラ，オナガ，ハシブトガラス，シジュウカラ，ヒヨドリ，エナガ，メジロ，オオタカ，ツミ

撮影ガイド／

利用者の多い公園は三脚を使用しないのが原則。300 ～ 400mm クラスの望遠ズームを手持ちで扱い，機動力を生かして撮影するとよい。500 ～ 600mm クラスの超望遠レンズで撮影する場合も一脚を使おう。

問い合わせ先／

井の頭恩賜公園管理所　Tel：0422-47-6900

メモ・注意点／

- 利用者の多い公園なので，園路をふさがないように配慮しよう。特に花見の時期は，多くの来園者でにぎわうので池の周りでの探鳥は避けるようにしたい。

探鳥地情報

【アクセス】

■電車：JR 中央線・京王井の頭線「吉祥寺駅」公園口から徒歩約５分，京王井の頭線「井の頭公園駅」降りてすぐ

【施設・設備】

■休園日：無休

■トイレ：園内に多数あり

■食事処：周辺に食事処・コンビニ多数あり

【After Birdwatching】

- 園内には「三鷹の森ジブリ美術館」があり，スタジオジブリの世界を堪能することができる（事前にチケットを購入しておく必要がある）。井の頭公園は吉祥寺の繁華街と接しているため，公園を出ると食事から買い物まで楽しめる。

アオゲラ。武蔵野の面影を残す雑木林によく似合う鳥である

ぜんぷくじこうえん

善福寺公園

杉並区　MAPCODE® 5 176 274*74

1 2 3 4 5 6 7 8 9 10 11 12

下池のゴイサギ

善福寺公園は，杉並区の西部に位置する善福寺池を中心とする都立公園（1961 年開園）である。善福寺池はボートの浮かぶ上池と，アシやマコモが繁茂する下池の 2 つの池に分かれている。1934 年に日本野鳥の会を創設した中西悟堂（なかにしごどう）が，この善福寺池近くに住居を構え，池の生物観察から会の設立を構想したといわれる。

冬の上池に集まる水鳥は，オナガガモやキンクロハジロがメインだが，少数だがヒドリガモやホシハジロも見られる。最近はオオバンもよく見るようになった。市杵島（いちきしま）神社のある島には，ゴイサギ，アオサギ，コサギ，カワウなどが枝先に止まっており，カワセミのダイビングもよく観察される。池の上空には水鳥を狙うオオタカが現れることもある。周囲の林では，コゲラ，アオゲラ，シジュウカラ，エナガなどが見られるだろう。

下池周辺では，サクラの咲く 3 月末ごろに，花蜜で嘴を黄色くしたヒヨドリの姿を見かけ，6 月ごろにはスイレンの咲く水面を歩くバンの雛や，カルガモの親子を見ることができる。下池のカモ類は上池と比べると数が少ないが，ハシビロガモが少数いるほか，かつてコガモの群れの中にアメリカコガモがいたこともある。また，アシの茎の中にいるビワコカタカイガラモドキをシジュウカラがついばむ姿も，冬の下池の風物詩である。アシ原の中からはウグイスやアオジの声も聞こえるだろう。周辺を歩けば，シロハラ，ツグミ，ジョウビタキなどに出会うことができる。

〔西村眞一〕

探鳥環境

上池エリアは，ボート乗り場から左手の池岸を東京都水道局の施設のほうへ進み，市杵島神社のある島，善福寺公園サービスセンターを経て一周するコース。距離は873mある。上池ではカワセミが池の水面の上を飛ぶ姿をよく見かける。渡戸橋が架かる道路を渡ると下池エリアだが，池は奥にあるので道路からは見えない。左手の水路から観察していくことになるが，冬季はここでシロハラやウグイスが見られるだろう。なお，下池のほうが少し小さく，一周の距離は533mである。

上池のメジロ

鳥情報

季節の鳥／
（春）センダイムシクイ（渡り途中）
（夏）ツバメ
（秋・冬）オナガガモ，キンクロハジロ，オオバン，オオタカ，モズ，ウグイス，シロハラ，ツグミ，ジョウビタキ，シメ，アオジ
（通年）カルガモ，キジバト，カワウ，ゴイサギ，アオサギ，ダイサギ，コサギ，バン，カワセミ，コゲラ，アオゲラ，オナガ，ハシボソガラス，ハシブトガラス，ヒヨドリ，エナガ，メジロ，ムクドリ，シジュウカラ，ハクセキレイ

撮影ガイド／
500mm クラスの望遠レンズ・三脚を使用する場合は，園内の散策者の邪魔にならないように配慮すること。

問い合わせ先／
善福寺公園サービスセンター　Tel: 03-3396-0825
http://www.tokyo-park.or.jp/park/format/index010.html

メモ・注意点／
- 観察時は散策者の通行の邪魔にならないように配慮したい。また，餌付けや撮影のために周囲の環境を変えるなどの行為は厳禁である。
- 1～2月にかけて善福寺公園サービスセンターや杉並区の外郭団体などが主催する野鳥観察会があるほか，日本野鳥の会東京主催の探鳥会が年4回実施されている（2・5・12月は9：00～　8月は8：00～）。
日本野鳥の会東京　Tel: 03-5273-5141

探鳥地情報

【アクセス】
- 電車・バス：JR中央線「荻窪駅」北口から関東バス「南善福寺」行きで約15分，「善福寺公園前」下車。または西武新宿線「上石神井駅」から西武・関東バス「西荻窪駅」行きで約10分，「桃井四小」下車，徒歩約5分

【施設・設備】
- 駐車場：公園内に駐車場はない。周辺にはコインパーキングがある
- トイレ：上池エリアに3か所，下池エリアに2か所ある。バリアフリー設備付きのトイレは上池・下池エリアにそれぞれ1か所ある
- 食事処：公園周辺にはないが，青梅街道まで出ればファミリーレストラン，コンビニがある

【After Birdwatching】
- 善福寺公園サービスセンター内のミニギャラリーでは，野鳥写真，昆虫写真，植物画などの作品展を開催していることがある。

下池のカワセミ雌

しゃくじいこうえん

石神井公園

練馬区　MAPCODE® 5 268 303*62

1 2 3 4 5 6 7 8 9 10 11 12

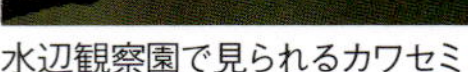

水辺観察園で見られるカワセミ

２つの池の周囲を武蔵野の面影が残る雑木林が囲む石神井公園は東西に長く，面積は約22.5ha。石神井池・三宝寺池は，井の頭池，善福寺池と並び武蔵野三大湧水地としても知られている。

冬の池はオナガガモ，ハシビロガモ，キンクロハジロ，ホシハジロなどが常連だが，一時的に飛来するものも多く，2009年にはオオハクチョウが現れ話題になった。近年はオオバンやカワウの数も増えている。カイツブリ，カルガモ，バンは一年中見られ，特にこの池のバンは警戒心が薄いため，観察や撮影向きといえる。繁殖期には雛連れで開けたところにも現れ，微笑ましいシーンを見せてくれるだろう。三宝寺池側の水辺観察園にはカワセミが居ついており，カワセミ目当てに多くのカメラマンがやってくる。その奥の湧水近くの樹林は，ゴイサギをはじめとするサギ類のポイントだ。また，冬は池の枯れたアシ原にウグイス，アオジ，シジュウカラなどが紛れている。

池の周囲の雑木林は，秋以降がおすすめ。葉が落ちた林内にはシジュウカラ，メジロ，コゲラ，エナガの混群に，年によってヒガラやヤマガラ，キクイタダキなどが混じる。そのほかモズ，シメ，アオジなども見つかるだろう。近年は外来種のソウシチョウも観察されている。春や秋は渡り途中のヒタキ類やムシクイ類に混じり，カッコウ類やサンコウチョウなども現れる。初夏以降はややさびしくなるが，林の奥ではアオゲラやエナガなどが繁殖している。運がよければ，夏の夜に移動中と思われるアオバズクの声を聞くこともある。

〔中村忠昌〕

探鳥環境

野鳥誘致林に設置された観察窓

野鳥誘致林

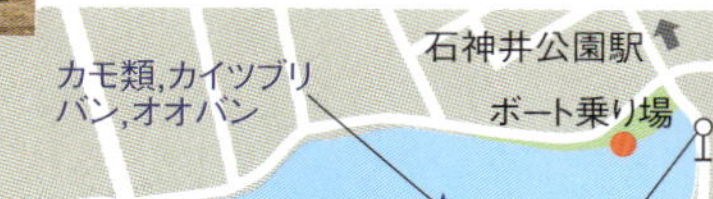

「石神井公園駅」からのコースが一般的。まずは公園の東端のボート乗り場から時計回りに記念庭園～石神井池南岸と進む。バス通りを越え，三宝寺池側に着いたら，半時計周りに水辺観察園へ進み，湧水付近から斜面を上がって公園西端の野鳥誘致林まで歩く。帰りは，三宝寺池南岸の樹林を通ると全域を巡ることができる。

鳥情報

季節の鳥／

(春・秋)ヒタキ類，ムシクイ類，ツツドリ，サンコウチョウ
(冬)カモ類，オオバン，ツグミ類
(通年)ゴイサギ，カイツブリ，バン，カワウ，アオゲラ，エナガ

撮影ガイド／

公園内は園路が整備されているが，一般利用者が多く，狭い園路では三脚を使っての長時間撮影は控えたい。三脚を設置して粘るのであれば場所を考える必要がある。もしくは，鳥との距離は近いので，400mm レンズ程度で手持ち撮影をするとよい。特に水辺観察園はカワセミ狙いのカメラマンが多く，場所を譲りあって撮影を楽しみたい。

問い合わせ先／

石神井公園サービスセンター
Tel: 03-3996-3950
https://www.tokyo-park.or.jp/park/format/index006.html

メモ・注意点／

- 「石神井公園 野鳥と自然の会」主催による自然観察会が，毎月第 4 日曜(9：00 ～ 11：00)実施されている(参加費無料，事前申込不要)。
- 三宝寺池の沼沢植物群落は国指定の天然記念物になっているが，現在植生の復元中である。

探鳥地情報

【アクセス】

- 車：関越自動車道「練馬 IC」から約 10 分。
- 電車・バス：西武池袋線「石神井公園駅」より徒歩約 7 分。JR 中央線「荻窪駅」北口から「石神井公園駅」行きのバスに乗り「石神井公園」下車すぐ(途中，西武新宿線「上井草駅」も経由)

【施設・設備】

- 休園日：無休
- 入園料：無料
- 駐車場：2 か所あり。有料
- トイレ：公園内各所にあり
- バリアフリー設備：あり(身障者用トイレ，授乳室)
- 食事処：三宝寺池の水辺観察園側に軽食をとれる売店あり。石神井池側にも，レストラン数店(イタリアン，そば，ちゃんぽんなど)あり。石神井公園駅前にはコンビニ，食事処多数あり

【After Birdwatching】

- 石神井城址：戦国時代にこの地を支配していた豊島氏の居城。1477 年に起きた江古田・沼袋原合戦で太田道灌に攻められ陥落。土塁や空堀の跡が残る。
- 石神井公園ふるさと文化館：練馬区の自然のほか，歴史・文化なども展示紹介した博物館。(開館時間：9：00～18：00，月曜休館，入館料：無料)

ひかりがおかこうえん

光が丘公園

練馬区，板橋区

 3 031 213*46

1 2 3 4 5 6 7 8 9 10 11 12

バードサンクチュアリ内のカイツブリ

光が丘公園は練馬区の北端に位置し，約60.8haの広さを誇る都立公園だ。公園内は樹林地や芝生地などが広がり，森林性の小鳥類を中心としてさまざまな種類の野鳥が見られる。公園内にある約2.4haのバードサンクチュアリには，淡水池と周囲に樹林や笹やぶ，草地など多様な環境が整備されている。水辺を利用する水鳥や，水浴び，採食のために小鳥や猛禽類が集まり，年間約60種類以上の鳥類が見られる。バードサンクチュアリ内は散策できないが，開園日には観察舎のみ開放しており，備え付けの望遠鏡を使って観察できる。

最も多くの種類が見られるのは冬季だ。園内にはさまざまな樹種が植栽されており，そうした木の実を求めてシメやアトリ，ルリビタキなどの小鳥類が集う。笹やぶではトラツグミが出入りし，松林にはビンズイが見られることもある。小鳥類や小動物を狙って，オオタカやノスリなどの猛禽類もよく見られ，運がよければ水浴びシーンが見られることも。

春・秋の渡りシーズンには，日替わりで渡り鳥が通過していく。キビタキやサンコウチョウ，センダイムシクイなどの小鳥類やツツドリなどのカッコウ類は毎年見られる。稀にコマドリやノゴマなどが見られることもある。

夏季は種数こそ少ないものの，カイツブリやカワセミ，エナガなどの子育てを観察できる。カワセミは一年中見られるため，バードサンクチュアリのシンボルともいえる。

公園内は行楽シーズンを中心に多くの利用者が訪れる。観察する際はほかの利用者の迷惑にならないよう撮影・観察マナーには十分気をつけたい。　〔岩本愛夢〕

探鳥環境

行楽シーズンは来園者が多い(9月のバードサンクチュアリ観察舎)

公園東側は運動施設や遊具などのレクリエーション施設があり，利用者も多いためあまり野鳥観察に向いていない。北・西側の樹林地や芝生広場，バードサンクチュアリ周辺がおすすめだ。樹林地には6か所の小さな水場も設けられている。園路は通行人やジョギング中の利用者も多いので，接触などを起こさないように注意しよう。直近の自然情報はバードサンクチュアリで得られる。

鳥情報

季節の鳥

(春・秋)ツツドリ，キビタキ，オオルリ，コサメビタキ，クサシギ
(夏)カイツブリ，バン，ツバメ
(冬)オナガガモ，オオタカ，シメ，アオジ，ルリビタキ，トラツグミ，ビンズイ
(通年)カワセミ，アオサギ，エナガ，コゲラ，ハクセキレイ

撮影ガイド

公園内は一般利用者が多く，1か所に留まって観察できる場所や三脚を立てて撮影できる場所は少ない。散策しながら鳥を探すことになるので，手持ちで撮影できる機材が向く。また，バードサンクチュアリは観察窓数が少なく，一般客の利用が多いため，三脚利用や観察窓の占有などはできない。係員の指示に従い，利用者同士で譲りあっての利用を心がけよう。

問い合わせ先

光が丘公園サービスセンター
Tel: 03-3977-7638(8：30～17：30)
http://www.tokyo-park.or.jp/park/format/index023.html
光が丘公園バードサンクチュアリ(認定NPO法人 生態工房)　http://hikarigaoka.blog35.fc2.com/
野鳥などの自然情報やイベント情報はこちら

メモ・注意点

- 日本野鳥の会東京主催の光が丘公園探鳥会がほぼ毎月，不定期で開かれている

探鳥地情報

【アクセス】

- 電車・バス：都営地下鉄大江戸線「光が丘駅」下車，徒歩約8分。東武東上線「成増駅」，東京メトロ地下鉄副都心線・有楽町線「地下鉄成増駅」下車，徒歩約15分。東武東上線「成増駅」から西武バス「光が丘駅」「練馬高野台駅」「南田中車庫」行きに乗り，「光が丘公園北」下車

【施設・設備】

光が丘公園バードサンクチュアリ
- 開園時間：9：00～17：00(11～1月は16：30まで)
- 開園日：土日祝日(年末年始除く)，不定期に平日(詳細は左記のバードサンクチュアリブログに掲載)
光が丘公園内はいつでも探鳥可能
- 入園料：無料
- 駐車場：あり(普通車は1時間まで300円，以降30分ごとに100円)
- トイレ：光が丘公園内に多数あり
- 食事処：光が丘公園内に売店，近隣にコンビニあり

【After Birdwatching】

- バードサンクチュアリでは，野鳥や在来の身近な生き物のオリジナルグッズ販売も行っている。

バードサンクチュアリ入口

みずもとこうえん

水元公園

葛飾区　MAPCODE® 3 149 289*40

1 2 3 4 5 6 7 8 9 10 11 12

上陸して草を食むヒドリガモ

都区内で最も大きい公園の１つである水元公園は水郷公園としても知られ，広い開放水面の池やアシ原などの湿地帯，樹林などさまざまな環境を含んでいる。そのため見られる鳥たちも森林性の小鳥から水鳥までバラエティに富み，通年バードウォッチングを楽しむことができる。

春や秋の渡りの時期には，バードサンクチュアリとなっている森をキビタキやオオルリ，サンコウチョウなどが，アシ原ではノビタキなどが通過していく。この時期はなるべく朝早く公園へ入り，さえずりを頼りに探すのがおすすめだ。夏はアシ原にオオヨシキリがさえずる声が響きわたり，水辺ではツバメやコアジサシも見ることができる。

水元小合溜（こあいだめ）には，冬に多数の水鳥が飛来する。水元公園を代表するカモは最も数が多いヒドリガモだろう。人を気にせず，陸に上って草を食べる群れが公園各所で見られる。群れにはアメリカヒドリとの交雑個体や，純粋なアメリカヒドリも混ざる。アシ原には過去，コノドジロムシクイやアカガシラサギなどが観察されているので注意して探したい。

通年見られる鳥としては，オオタカやカワセミが挙げられる。どちらもバードサンクチュアリで繁殖しており，春先には幼鳥の姿も見られる。

公園内はよく整備されているため，道も平坦で歩きやすい。ただし，端から端までの歩行距離は3kmほどになるので，履きなれた歩きやすい運動靴がよいだろう。

〔小島みずき〕

探鳥環境

カワセミ

バス停「水元公園」から内溜(うちだめ)と呼ばれる釣り場脇を通って行くと，水元大橋が見える。橋周辺ではカモ類とカイツブリ類を容易に観察することができる。そこから小合溜沿いに北へ向かうとアシ原があり，タシギやクイナが期待できる。水鳥を楽しんだ後は，バードサンクチュアリで小鳥類とオオタカを探したい。健脚な人は南端のゴンパチ池から歩くコースもおすすめ。

鳥情報

季節の鳥／

(春)ツバメ，キビタキ，オオルリ，サンコウチョウ，コマドリ，ホトトギス
(夏)オオヨシキリ，コアジサシ，ツバメ，コムクドリ
(秋)アオバト，マミチャジナイ，コサメビタキ，ヒタキ類，ノビタキ，トラツグミなど
(冬)ヒドリガモ，アメリカヒドリ，ホシハジロ，ユリカモメ，タシギ，ノスリ，アカゲラ，ツグミ類，数は少ないがミコアイサやヨシガモも見られる
(通年)オオタカ，カワセミ，エナガ，セグロセキレイ，オナガ

撮影ガイド／

冬のヒドリガモやユリカモメは警戒心が薄く，100 mm 程度のレンズでも十分大きく撮れる。バードサンクチュアリの観察窓からはオオタカやノスリなどが見られるが，猛禽類を狙うなら 400 mm 以上のレンズがほしい。小合溜のカモ類を撮る際は，午前中は逆光になってしまうので午後が狙い目。

問い合わせ先／

水元かわせみの里
公園の北西端にある葛飾区の環境教育施設。館内では直近の鳥情報が確認できるほか，施設前の池ではカワセミを観察できる。　Tel: 03-3527-5201
http://www.city.katsushika.lg.jp/institution/1000096/1006910.html
かわせみの里ブログ　http://mkawasemi.exblog.jp/

探鳥地情報

【アクセス】

- 車：東京外環自動車道「三郷南 IC」から約 10 分
- 電車・バス：JR 常磐線「金町駅」，南口ターミナルから京成バス「戸ヶ崎操車場」もしくは「八潮駅南口」行きで約 10 分，「水元公園」で下車。公園北端から歩き始める場合は「大場川」で下車。ゴンパチ池から歩く場合は，金町駅南口ターミナルから東武バス「新三郷駅」行きに乗り約 10 分，「桜土手」で下車

【施設・設備】

水元かわせみの里
- 開館時間：9：00 ～ 17：30(11 ～ 3 月は 16：30 閉館)　水元公園はいつでも入園可能
- 休館日：月曜(祝日の場合は翌日)，年末年始
- 入館料：無料
- 駐車場：あり(水元公園駐車場　1 時間まで 200 円，以降 30 分ごとに 100 円)
- トイレ：身障者用トイレも含め公園内各所あり
- 食事処：小合溜に売店のほか，軽食がとれる「涼亭」がある。涼亭は池側の 1 面がガラス張りになっており，ヒドリガモやユリカモメを眺めながら食事を楽しめる

【After Birdwatching】

- うなぎ屋「根本」:「大場川」バス停前にある老舗のうなぎ屋。甘辛濃厚なタレで有名。月曜定休。営業時間は 11：30～13：30 と 17：00～19：30。売切次第終了なので，立ち寄るのであればお早めに。

東京都

かさいりんかいこうえん・かさいかいひんこうえん

葛西臨海公園・葛西海浜公園

江戸川区　MAPCODE® 508 824*10

1 2 3 4 5 6 7 8 9 10 11 12

スズガモは約２万羽が越冬する

東京湾の最奥部，荒川と旧江戸川河口の間の埋立地に造られた都立公園。陸地部は葛西臨海公園（約80ha）で東側には鳥類園と呼ばれる約27haのバードサンクチュアリがある。海域は２つの人工なぎさとその沖を含む葛西海浜公園（約411ha）で，西なぎさは砂浜，東なぎさは保護区となっている。

年間を通して楽しめるが，種数・個体数とも多いのは冬季である。東なぎさや西なぎさの海上にはスズガモとカンムリカイツブリの群れが浮かび，杭にはミサゴが止まる。アシ原にはチュウヒやノスリが飛翔し，水路にはハジロカイツブリに混ざってミミカイツブリが，干潟にはユリカモメに混ざってズグロカモメもやってくる。鳥類園の淡水池「上の池」では，ホシハジロを中心にキンクロハジロ，ハシビロガモ，オカヨシガモなどのカモ類やオオバンなどが飛来し，これらを狙うオオタカやノスリも越冬する。池岸のアシ原には，アオジ，オオジュリン，ウグイス，ジョウビタキなどのほか，アリスイやクイナも潜んでいる。池周囲の樹林ではトラツグミやルリビタキと出会えるかもしれない。また，公園東端の旧江戸川河口ではホオジロガモやウミアイサも見つかる。

春と秋にはシギ・チドリ類が飛来，鳥類園の「下の池」では至近距離でキアシシギ，ソリハシシギ，アオアシシギ，チュウシャクシギなどが観察でき，年によってはコアオアシシギやアカアシシギなどが見られることもある。西なぎさ・東なぎさにもシギ・チドリ類やアジサシ類が飛来するが，距離が遠く，望遠鏡が必須。同時期の園内の樹林では，ヒタキ類やムシクイ類などがよく見られるが，近年は夏にコムクドリの群れも飛来する。

夏季は鳥類園を中心にヨシゴイやササゴイ，チュウサギなどのサギ類を探そう。アカガシラサギが見られた年もある。　〔中村忠昌〕

探鳥環境

下の池に飛来したキアシシギ

公園のほぼ全体が探鳥地であり，決まった観察ルートはない。鳥類園，西なぎさ，臨海公園西側の芦が池周辺の3か所がメインの観察ポイントであり，これらを，目的の種の出現状況や潮の干満時間などを考慮して巡ることになる。保護区となっている東なぎさは，西なぎさの東端から観察するのがよいだろう。すべてを徒歩で回ると5～6時間はかかる。

鳥情報

季節の鳥／

(春・秋)クロツラヘラサギ，アジサシ，シギ・チドリ類，ヒタキ類，ムシクイ類

(夏)コアジサシ，コチドリ，ヨシゴイ

(冬)スズガモ，カンムリカイツブリ，ハジロカイツブリ，猛禽類(ミサゴ，オオタカ，ノスリ，チュウヒ，ハヤブサ)

撮影ガイド／

園内を歩き回って鳥を探す場合は400mm程度のレンズで，手持ちか一脚利用で撮影するとよい。駅前にレンタサイクルがあり，自転車があれば一気に機動力が増す。水辺の鳥を狙うには，500mm以上のレンズがほしいところだが，園内は広く持ち運びに苦労する。海辺は風が強い場合も多く，三脚はしっかりしたものを選びたい。

問い合わせ先／

葛西臨海公園／葛西臨海公園サービスセンター
Tel: 03-5696-1331
https://www.tokyo-park.or.jp/park/format/index026.html
葛西臨海公園鳥類園／ http://choruien2.exblog.jp/
葛西海浜公園／葛西海浜公園サービスセンター
Tel: 03-5696-4741
https://www.tokyo-park.or.jp/park/format/index027.html

メモ・注意点／

- 鳥類園ガイドツアーが毎月第2日曜14：00～15：00開催(無料)。ほか，日本野鳥の会東京主催の探鳥会が毎月第4日曜に実施されている

探鳥地情報

【アクセス】

- 車：首都高速湾岸線「葛西IC」下車すぐ
- 電車・バス：JR京葉線「葛西臨海公園駅」下車，鳥類園，西なぎさへは徒歩10分程度。東京メトロ東西線「葛西駅」や都営地下鉄新宿線「一之江駅」から「葛西臨海公園」行きのバスがある

【施設・設備】

葛西臨海公園 鳥類園

- 開館時間：ウォッチングセンターは9：15～16：30。土日祝日は専門スタッフが常駐。鳥の出現情報も掲示している。年末年始のみ休館
- 入園料：無料
- 駐車場：あり。有料
- トイレ：公園内各所にあり(身障者用トイレも多数)
- 食事処：駅前にコンビニエンスストアあり。公園内にはレストランのほか，軽食の売店が数か所にある

※葛西海浜公園の開園は9：00～17：00(季節により延長あり)

【After Birdwatching】

- 葛西臨海水族園：マグロやサメが泳ぐ巨大水槽や，フンボルトペンギンをはじめとするペンギンの飼育展示で知られている。エトピリカやウミガラスも飼育展示され，泳ぐ姿を間近で観察できる。(開園時間：9：30～17：00，水曜休園，入園料：一般700円)

東京都

とうきょうこうやちょうこうえん

東京港野鳥公園

大田区　MAPCODE® 286 620*88

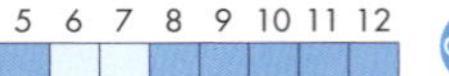

コチドリ

ここはかつては遠浅の海だったが，1960年代後半から埋め立てが始まり，その後，埋立地に自然にできた池や草原に野鳥が集まるようになった。このよみがえった自然を守ろうという市民活動の結果，1989年に開園したのが現在の東京港野鳥公園である。

公園は管理事務所がある入口を中心に東と西に分かれている。西側は雑木林や田畑など里山環境を復元した自然生態園，東側は淡水池と東京湾に水路でつながった潮入りの池を中心とした水辺中心の環境になっている。

自然生態園は年間を通じてシジュウカラやメジロなどの小鳥たちがよく見られる。春と秋の渡りの時期には，キビタキなどのヒタキ類やムシクイの仲間などが立ち寄ることも多い。また冬が深まるころには，ツグミやシロハラ，アオジなども増えてくる。

淡水池ではカイツブリやカルガモを一年中見ることができるが，秋冬には多くのカモたちが渡ってきて，池全体が非常ににぎやかになる。これらの水鳥を狙うオオタカなど，タカの仲間との出会いが多くなるのもこの時期である。

潮入りの池ではカワウやサギ類が通年見られ，春（4～5月）と夏・秋（8～10月）には，渡り途中のシギ・チドリ類が干潟に生息するカニやゴカイを求めてやってくる。

園内では年間約120種の野鳥が観察されている。ネイチャーセンターには日本野鳥の会のレンジャーが常駐，双眼鏡の貸し出しや館内に望遠鏡も設置されているので，初心者でも安心してバードウォッチングが楽しめる。

〔増田浩司〕

探鳥環境

淡水池のカモ　モズ　ジョウビタキの雌

東京湾の埋め立て地の一角を「自然復元」した公園。公園入口から西側に里山環境を再現した自然生態園，いそしぎ橋を越えた東側には東淡水池と東京湾につながった潮入りの池がある。最初に自然生態園を見た後，東淡水池へ進み，ネイチャーセンターで昼食をとりながら水辺の鳥を観察するのが，おすすめコース。ネイチャーセンターでは鳥の情報などを教えてくれる。

鳥情報

季節の鳥／

（春・夏）コチドリ，セイタカシギ，チュウシャクシギ，キアシシギ，コアジサシ，ツバメ，オオヨシキリ

（秋・冬）マガモ，コガモ，ホシハジロ，キンクロハジロ，オオタカ，ノスリ，モズ，シロハラ，ツグミ，ジョウビタキ，アオジ

（通年）カルガモ，カイツブリ，キジバト，カワウ，アオサギ，ダイサギ，コサギ，オオバン，イソシギ，トビ，カワセミ，コゲラ，シジュウカラ，ヒヨドリ，メジロ，ムクドリ，スズメ，ハクセキレイ

撮影ガイド／

東淡水池や潮入りの池での撮影は鳥との距離があるため，500mm クラスのレンズがあったほうがいい。ネイチャーセンター内からではガラス越しになるので，撮影は観察小屋や東観察広場がおすすめ。自然生態園では動き回る小鳥が多いので，取り回しのいい 300mm クラスのレンズが重宝する。

問い合わせ先／

東京港野鳥公園管理事務所
Tel: 03-3799-5031　Email: yachokouen@wbsj.org
http://www.wildbirdpark.jp/index.html

メモ・注意点／

- 毎月第 1 日曜（1 月と 5 月は第 2 日曜）に日本野鳥の会東京による探鳥会が開催されている。

探鳥地情報

【アクセス】

- 車：首都高速湾岸線「大井南」出口より約 10 分，首都高速羽田線「平和島」出口より約 10 分
- 電車・バス：東京モノレール「流通センター駅」下車，徒歩約 15 分。JR「大森駅」東口または京急「平和島駅」から，「京浜島」「昭和島」「城南島」「京浜島・昭和島」「大田市場」行きのバスに乗り，「野鳥公園」または「東京港野鳥公園」下車，徒歩約 5 分

【施設・設備】

- 開園時間：9：00 ～ 17：00（2 ～ 10 月），9：00 ～ 16：30（11 月～ 1 月）
- 休園日：月曜（祝日の場合は翌日），年末年始
- 入園料：大人（高校生以上）300 円，65 歳以上・中学生 150 円，小学生以下は無料
- 駐車場：40 台（無料）
- トイレ：ネイチャーセンター，管理事務所前，学習センター前にあり
- バリアフリー設備：身体障害者用の駐車スペースや車椅子の貸し出しあり。ネイチャーセンターと管理事務所前には身障者用トイレあり
- 食事処：ネイチャーセンター，管理事務所前に自動販売機。食事を販売・提供する場所はない

【After Birdwatching】

- 隣接する大田市場は見学可能で，新鮮な食材を提供する食堂も場内にある。

東京都

たまがわかりゅう・まるこばしふきん

多摩川下流・丸子橋付近

大田区　MAPCODE 305 236*56

ヒドリガモ（奥）とアメリカヒドリ（手前）

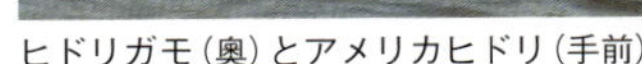

東急線「多摩川駅」の改札口を出ると，東側が「田園調布せせらぎ公園」，西側が「多摩川台公園」だ。どちらもさほど広くない公園だが，鳥たちには貴重な樹林を提供している。多摩川台公園の西側には多摩川が流れ，2つの公園と多摩川の河川敷を巡れば，変化のある探鳥が楽しめるだろう。

周辺は武蔵野台地の南端に位置し，せせらぎ公園には台地の崖面から地下水が湧き出す2つの湧水池，多摩川台公園には大型の前方後円墳2基を含む4～7世紀に造られた10基の古墳があるという，それぞれ特徴ある公園だが，鳥相は似ていて，シジュウカラ，エナガ，コゲラなどの留鳥のほか，冬ならシロハラ，シメ，アオジ，渡りの時期にはセンダイムシクイ，キビタキ，オオルリなどが観察できる。

丸子橋は多摩川駅から南へ歩いて数分の距離にあり，橋の上流には調布堰がある。冬の丸子橋付近には5～10種ほどのカモがやって来る。数が多いのはヒドリガモだが，アメリカヒドリやヨシガモなどの少数派も出現する。橋の下流の中州にはイカルチドリが“石に化けて”潜んでいるので注意しよう。

堰の上流，野球場などのある河川敷では，冬ならモズ，ツグミ，タヒバリが見られ，水面にはコガモや，このところ急増したオオバンが群れている。春～初夏に声や姿で存在をアピールするのはコアジサシ，コチドリ，オオヨシキリ，セッカなどだ。この付近の中州では，オオタカやノスリが毎年越冬するようになった。カラスの群れの行動を手掛かりに探してみよう。

〔川沢祥三〕

探鳥環境

調布堰上流の水面に浮かぶ水鳥

冬なら，せせらぎ公園で樹林の鳥を探した後，丸子橋付近でカモなどの水鳥を観察。多摩川台公園には南西側から上り，公園内を宝来山古墳まで歩いた後，多摩川河川敷に下りて上流へ向かう。河川敷では水面・アシ原・中州・上空など全方位に目を配りながらの探鳥だ。ある程度上流まで歩いたら，帰りは堤防上を走るバスを利用してもよいだろう。

鳥情報

季節の鳥／

（春・初夏）コチドリ，コアジサシ，センダイムシクイ，オオヨシキリ，セッカ，キビタキ，オオルリ
（秋）チュウサギ，ツツドリ，モズ，エゾビタキ
（冬）ヒドリガモ，コガモ，イカルチドリ，ユリカモメ，オオタカ，ノスリ，シロハラ，ジョウビタキ，タヒバリ，シメ，アオジ，オオジュリン
（通年）カワウ，アオサギ，イソシギ，コゲラ，シジュウカラ，エナガ，ハクセキレイ，カワラヒワ

撮影ガイド／

せせらぎ公園や多摩川台公園の小鳥たちの撮影は焦点距離400mmまでのレンズで十分だが，うす暗いことが多いので手振れ防止機能付きのカメラ，もしくは三脚を使用するとよいだろう。河川敷でアシ原のホオジロ類や中州の猛禽を狙うなら，500～600mmのレンズが必要。どちらの場合も，近づきすぎて鳥に嫌われないように注意。

メモ・注意点／

- せせらぎ公園の開門時間は7：00，夜間は閉鎖されている。午後になると人出が増え，子どもの来園も多いため，探鳥は午前中のなるべく早い時間帯が向いている。多摩川駅付近の道路は歩道があっても狭いので，三脚をかついでの歩行には気をつけたい。

探鳥地情報

【アクセス】

■電車：東急東横線・目黒線・多摩川線「多摩川駅」下車

【施設・設備】

■駐車場：せせらぎ公園に小さいが駐車場（有料）あり
■食事処：多摩川駅の改札内にはパンの「神戸屋」などの店があるほか，改札口の外にはコンビニがある。なお，せせらぎ公園には飲料の自販機が設置されているが，多摩川台公園にはない

【After Birdwatching】

- 多摩川台公園付近は，武蔵野台地南端にある古墳群（荏原台古墳群）の中にあり，公園内の国指定史跡・亀甲山古墳側に建つ古墳展示室には古墳の実物大模型を展示，古代人の墓の巨大さを実感できる。また，東急線の線路を挟んで南側の多摩川浅間神社の社殿は，浅間神社古墳という前方後円墳の上に建てられている。

多摩川台公園から見下ろす多摩川。背後の林からカラ類の声が聞こえてくる

東京都

たまれいえん

多磨霊園

府中市，小金井市

 5 077 114*72

1 2 3 4 5 6 7 8 9 10 11 12

5区の公園の様子

東京ドーム27個分の面積をもつ都立最大の霊園。園内の古き良き武蔵野の面影が残る雑木林は，密過ぎることがなく適度にまばらなので，鳥の姿が見つけやすい。

探鳥に最適なのは冬季だろう。落葉して見通しがよくなった林では，カラ類の混群をよく目にする。シジュウカラなどとともにコゲラやエナガの姿を見るだろう。年により，混群にはキクイタダキやヒガラが混ざっていることもある。また，実のなる木が多いため，各所でシメが見られるほか，ときおり，イカル，アトリ，ウソ，マヒワの群れもやってくる。

暗い木陰ではシロハラが常連，以前と比べ少なくなったがアカハラも目にする。トラツグミもほぼ毎冬観察されている。墓石の上に目をやると，ジョウビタキやルリビタキが愛らしい姿で止まっているだろう。アカマツの下でビンズイと出会えたら幸運だ。

春と秋の渡りの季節もおもしろい。キビタキ，オオルリ，センダイムシクイ，エゾムシクイ，サンコウチョウは毎年記録されている。また，5区にある数本のミズキには，9月下旬～10月上旬にエゾビタキ，コサメビタキなどが熟した実に集まるほか，隣接する浅間山公園は下草が多いので，アオジやウグイスなどに出会えるだろう。

初夏にはカッコウやツミの声を楽しめ，秋口にはツツドリの姿が期待できる。アオゲラ，オオタカ，オナガは通年観察される。

当地は，静かな雰囲気の中で偶然の出会いを楽しむという，「王道のバードウォッチング」が満喫できる場所だ。サクラの名所でもあり，各界著名人の墓所が多いので，探鳥とセットで，花見や往年のスター・大作家・芸術家たちの墓所巡りもおすすめだ。

〔中村一也〕

探鳥環境

特に決まったコースはないが，正門周辺から９区，10 区，11 区，12 区，５区，浅間山というように反時計回りに進むのがおすすめコース。野鳥が集まる樹木を探しながら歩こう。花見の時期は桜並木を歩くのもよいだろう。また，５区の公園は渡りの時期にヒタキ類などがよく見られるポイントだ。トイレは園内各所にある。

鳥情報

季節の鳥

(春・秋) キビタキ，オオルリ，センダイムシクイ，エゾムシクイ，サンコウチョウ，エゾビタキ，コサメビタキ，カッコウ，ツツドリ
(冬) シメ，シロハラ，アカハラ，トラツグミ，ツグミ，ビンズイ，ウソ，キクイタダキ，アトリ，マヒワ，イカル
(通年) コゲラ，アオゲラ，オオタカ，ツミ，エナガ，カワラヒワ，オナガ，シジュウカラ，メジロ

メモ・注意点

- 霊園なので個人の墓所に入り込んだり，墓参者の迷惑にならないように行動したい。
- 日本野鳥の会東京主催の探鳥会が毎月第２日曜（4 月のみ第１日曜）の 8：00～12：00 に実施されている。日本野鳥の会東京 Tel: 03-5273-5141（月水金曜 11：00～16：00）

都立浅間山公園とは歩道橋で結ばれている

探鳥地情報

【アクセス】

- 電車・バス：西武多摩川線「多磨駅」から徒歩約５分，JR 中央線「武蔵小金井駅」南口より京王バス「多磨霊園駅」行きに乗り「多磨霊園表門」下車

【施設・設備】

- 開園時間：開門時間は夏期（3～９月）8：00～18：30。冬期（10～２月）8：30～17：30。徒歩ではいつでも入園可能
- トイレ：園内各所にある
- 食事処：正門周辺に飲食店が数店ある。コンビニは多磨駅前にあり

【After Birdwatching】

- 天体ファンには国立天文台三鷹キャンパス（三鷹市大沢 2-21-1　Tel：0422-34-3600）の見学がおすすめ。天文学に関する歴史的な資料などが展示されているほか，50cm 望遠鏡による観望会が定期的に実施されている。

正門付近

せいせきさくらがおか

聖蹟桜ヶ丘

多摩市　MAPCODE® 2 848 175*88

1 2 3 4 5 6 7 8 9 10 11 12

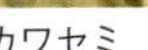

カワセミ

「聖蹟桜ヶ丘駅」西口から駅前の通りを右に進み，交差点を渡ってさらに進むと，正面に駐車場が見えてくる。駐車場の向こうは多摩川が広がり，駅から徒歩５分程度で，すでに探鳥地の入口に立っていることになる。

土手に上がると一気に視界が開けるとともに，春から夏にかけてはヒバリやホオジロ，セッカなどのさえずりが耳に飛び込んでくる。中洲の水際を探せばセキレイ類やサギ類のほか，夏ならコチドリが，冬ならタヒバリが見つかるだろう。

川岸を下流に向かって歩きながら耳をすませば，春にはキジの「ケン，ケン」と絞り出すような声が，秋にはモズの高鳴きが聞こえる。京王線の鉄橋とさらに下流の関戸橋周辺までの中洲や対岸のアシ原からは，夏はオオヨシキリのにぎやかなさえずりがよく聞こえてくる。冬には河川敷のところどころに立っている木や枯れ草で羽を休めるツグミやホオジロの姿が見られる。

関戸橋の下流に広がる大きな中洲はイカルチドリのポイント。冬には 20 羽前後が群れることもあるが，砂礫と同化した保護色なので慣れないと見つけるのは難しく，探鳥力を鍛えるのにもってこいの場所といえる。イカルチドリを探すうちに，タヒバリやセキレイ類が目に入ってくるだろう。

交通公園に近づいてきたら土手に上がってみよう。秋にはコシアカツバメが，また季節を問わずヒメアマツバメがよく飛ぶのはこの辺りだ。交通公園の先は小さな芝地になっており，野鳥観察小屋が建っている。大栗川の対岸は樹木が多く，オオタカ，ノスリなど猛禽類がしばしば見られる。カワセミも出現率が高く，距離が比較的近いので水辺の草木や石の上を丹念に探そう。　〔田島基之〕

大栗川の対岸は樹木が多く，森林性の小鳥や猛禽類との出会いが期待できる

日の向きがよく，また視界を遮るものが少なく見通しの利く川の南岸を歩くのがおすすめ。水鳥はカモ類が減り，オオバンが増加傾向にある。ヒバリやセッカが多いのは関戸橋より上流。チョウゲンボウは関戸橋付近での出現率が高い。交通公園の先の芝地はカワセミや猛禽類の頻出ポイントで，大栗川の対岸からはエナガやアオゲラといった森林性の鳥の声が聞こえてくる。河川敷は夏には日差しを遮るものがなく，冬は吹きさらしとなるため，夏は帽子と日焼け止め，冬は十分な防寒対策が必須。夏は熱中症予防のため，飲料水を多めに準備しておこう。

鳥情報

季節の鳥／

（春）キジ，キアシシギ，ヒバリ，イワツバメ
（夏）コチドリ，ツバメ，オオヨシキリ，セッカ
（秋）ミサゴ，モズ，コシアカツバメ，ノビタキ
（冬）ヒドリガモ，コガモ，オオバン，オオタカ，ノスリ，ハヤブサ，タヒバリ，カシラダカ
（通年）アオサギ，ダイサギ，ヒメアマツバメ，イカルチドリ，カワセミ，チョウゲンボウ，セグロセキレイ，ホオジロ

撮影ガイド／

全般的に鳥との距離が遠いため，レンズの焦点距離は600mm以上がベター。セッカ，モズ，ホオジロといった小鳥類なら上流から歩いて関戸橋周辺ぐらいまでが狙い目だが，猛禽類やカワセミを狙うなら野鳥観察小屋周辺で待つのが最も効率的。野鳥観察小屋周辺にはたいてい常連のカメラマンがいるので，情報交換するとよいだろう。

メモ・注意点／

- 周辺の土手の上はサイクリングロードになっており，道幅は狭いがサイクリング，ランニング，犬の散歩などさまざまに利用されている。三脚を立てて通行の邪魔にならないよう注意したい。

探鳥地情報

【アクセス】

■電車：京王線「聖蹟桜ヶ丘駅」西口から徒歩約５分

【施設・設備】

■食事処：駅周辺にコンビニがあるほか，パン派の人には，西口の焼きたてパンの店「Le repas（ルパ）」がおすすめ

【After Birdwatching】

- 多摩市立交通公園：子どもたちが自転車やゴーカートに乗りながら交通ルールを学べる施設。自転車やゴーカートを無料で借りることができる。開園時間：9：30 ～ 16：30，休園日：月曜（祝日の場合は翌日）および12月28日～1月4日。Tel：042-374-4866

大栗川との合流点にある芝地には野鳥観察小屋がある

東京都

たかおさん

高尾山

八王子市  23 167 505*32

1 2 3 4 5 6 7 8 9 10 11 12

1号路の様子

高尾山の標高は599m。東京スカイツリーよりも30mほど低い山だが，驚くほど多種多様な生き物が暮らしている。信仰の山として守られてきたことに加え，暖温帯常緑広葉樹林帯と冷温帯落葉樹林帯の境目に位置するため，モミジ，カシの仲間，スミレの仲間など1,600種を超える植物と，その恩恵に授かる6,000種以上の昆虫が確認されている。

春の小さな花々が咲く4月上旬になるとイワツバメが飛来，4月末にはオオルリ，キビタキ，クロツグミ，ヤブサメ，センダイムシクイなどの夏鳥が次々にやって来て，森の中にさえずりがあふれる。5～6月ごろにはホトトギスやサンコウチョウ，7～8月には夏鳥たちの幼鳥が姿を見せ，9月になると遠く南へと帰って行くサシバたちが上空に見られるだろう。

モズが高鳴きを聞かせる10月に入ると，ツグミやジョウビタキ，ルリビタキなどの冬鳥が飛来し，アオジやクロジも高山から下りてくる。カラ類，メジロ，コゲラなどの留鳥は群れで行動するようになり，落葉した森の中では観察もしやすくなる。1月下旬～3月にかけては訪れるハイカーが少なく，野鳥観察にはベストシーズンとなる。シジュウカラ・ヤマガラ・メジロの混群，キクイタダキがスギの木の上で飛び交う姿がよく見られるのもこの時期である。

新宿から約1時間というアクセスのよさに加え，多くのコースが設けられた高尾山は，1年を通して楽しめる探鳥地である。

〔井守美穂〕

ラショウモンカズラ。5月中旬～6月初旬，山麓の梅林などで印象的な紫の花を咲かせる

表参道である1号路は歩きやすく，2回目のカーブを曲がる辺りまでにカラ類をはじめ多くの野鳥が観察できる。1号路から浄心門手前で分岐する4号路は，登山道から谷が見渡せ，初夏にはオオルリ，キビタキなどの夏鳥が見られる。つり橋がかかり奥深い山の雰囲気も楽しめる路だ。ハイカーがたいへん多い山なので，立ち止まって通行の邪魔にならないよう心がけたい。

鳥情報

季節の鳥／

（春・初夏）オオルリ，キビタキ，ヤブサメ，ツバメ，イワツバメ，ホトトギス

（秋・冬）サシバ，モズ，ノスリ，ジョウビタキ，ルリビタキ，アオジ，カワガラス

（通年）シジュウカラ，ヤマガラ，エナガ，メジロ，コゲラ，イカル，アオゲラ

撮影ガイド／

登山道は人通りが多く，三脚を立てて長時間撮影をするのが難しい。山の小鳥類が中心なので，手持ち撮影ができる機材がよい。

問い合わせ先／

TAKAO599 ミュージアム
http://www.takao599museum.jp/
高尾山の自然を紹介した博物館。まずはここに立ち寄ってから歩き始めると，自然観察がより楽しめるだろう。

高尾ビジターセンター
http://takaovc599.ec-net.jp/05event/0501event.html
高尾山の山頂にある。解説員が常駐している。

メモ・注意点／

- 低山といえども立派な山。1号路は舗装路だが，2号路～6号路は山道なので，軽登山靴が必要。季節に応じて防寒具や帽子などを用意したい。無理をせず体力と体調に見合ったルート・行程を選びたい。春先と紅葉シーズンは特にハイカーで混み合う。

探鳥地情報

【アクセス】

■電車・バス：京王線「高尾山口駅」より徒歩5分ほどで1号路登山口

【施設・設備】

■高尾山麓駐車場（高尾山口駅に隣接）：8：00～17：30　30分150円，17：00～8：00　60分150円（平日最大料金800円／土日祝最大料金1000円）

■トイレ：「高尾山口駅」，「ケーブル山頂駅」，薬王院，山頂などにあり

■バリアフリー設備：あり（身障者用トイレ，授乳室）

■食事処：TAKAO599の前にコンビニエンスストアがある。登山道に入る手前には蕎麦店が並んでおり，毎冬，冬そばキャンペーンも行われている。また，例年6～10月中旬にケーブル山頂駅側にビアガーデンが営業しており，夜景を楽しみながら食事をすることができる。

【After Birdwatching】

- 薬王院はケーブル山頂駅から山頂方面に20分ほど歩いたところにある。正月は初詣客でにぎわう。

6号路を利用する場合は，登山の服装・装備が必要

東京都

こくえいしょうわきねんこうえん

国営昭和記念公園

立川市　 5 122 163*10（西立川口駐車場）

1 2 3 4 5 6 7 8 9 10 11 12

毎年 11 月にやってくるベニマシコ

昭和天皇御在位 50 年記念事業の一環として，国が設置した公園で，総面積 180ha，現在も整備が進められ，完成は 2020 年の予定。「緑の回復と人間性の向上」をテーマに整備されており，人のみならず野鳥にとっても癒しの空間となっている。広大な敷地は，大きく５つのゾーンに分かれているが，野鳥観察のメインとなるのは，西立川口から入って北側に広がる，「水のゾーン」「広場ゾーン」「森のゾーン」の３つであろう。園内では年間約 120 種類の野鳥が観察される。

西立川口を入ると正面に広がるのが「水鳥の池」。秋～春にかけては，まずここから水鳥を観察するのが王道だろう。「さざなみ広場」の水際に生えるミソハギやアシ，周囲の灌木帯でも多くの冬鳥が見られる。池を反時計回りに進むと「眺めのテラス」で，目前に広がるアシ原も水辺の鳥の観察ポイントだ。さらに池に沿って狭い園路をたどると「花木園」。年間を通じて多くの小鳥たちが集まる場所だ。ここを出て「ハーブ園」を左手に抜けると道は２手に分かれ，正面奥がバードサンクチュアリ，右手は「うのはな橋」を経て次の探鳥ポイントの「広場ゾーン」につながる。

バードサンクチュアリでは，猛禽類をはじめ多くの鳥たちが羽を休めているので，静かに観察したい。「広場ゾーン」の西側に広がる「渓流広場」では，流れのあちらこちらで水浴びをする猛禽や小鳥たちの姿が見られる。さらに北を目指すと「森のゾーン」へ続く。「トンボの湿地」や「こどもの森」「こもれびの丘」といった樹林帯があり，丹念に探ると思わぬ出会いがあるエリアである。　〔鈴木利幸〕

探鳥環境

西立川口を起点に，まずは水鳥の池を反時計回りに「さざなみ広場」「眺めのテラス」「花木園」「バードサンクチュアリ」といった岸沿いにある探鳥ポイントを巡り，広場ゾーン，さらに森のゾーンと進んでいく。園内は四季を通じて「花見」を楽しむこともでき，特に春，「渓流広場」近くのチューリップの修景は一見の価値がある。

鳥情報

季節の鳥／

(春)エゾビタキ，オオルリ，キビタキ，コサメビタキ，センダイムシクイ
(夏)カッコウ，サンコウチョウ，ホトトギス
(秋)ツツドリ，ノビタキ
(冬)アオジ，アカハラ，アトリ，イカル，オナガガモ，カンムリカイツブリ，キクイタダキ，クロジ，コガモ，シロハラ，シメ，ジョウビタキ，ツグミ，トラツグミ，ハジロカイツブリ，ヒドリガモ，ベニマシコ，マガモ，マヒワ，モズ，ルリビタキ
(通年)ウグイス，猛禽類，カイツブリ，カルガモ，カワセミ，スズメ，セキレイ類

問い合わせ先／

昭和記念公園管理センター　Tel: 042-528-1751
http://www.showakinen-koen.jp/

メモ・注意点／

- 野鳥公園ではないため，一般来園者の往来の妨げとならないよう，三脚や大型機材の使用は極力控えたい。動植物保護のため，園内全域で餌付け・捕獲・採取は禁止されている。
- 公園主催の野鳥観察会が毎月第2土曜に開催されている。西立川口を入った広場にて受付(9：30～9：45)，10：00スタート，バードサンクチュアリの野鳥観察舎にて鳥合わせ後，正午ごろに解散というプログラム。詳しくは上記ホームページで確認のこと。

探鳥地情報

【アクセス】

■車：中央自動車道「国立府中IC」より国道20号線を立川方面へ進み，日野橋交差点を右折。(国立府中ICから約8km)

■電車：JR青梅線「西立川駅」より徒歩約2分で西立川口。JR中央線「立川駅」より徒歩約15分，多摩都市モノレール「立川北駅」より約13分で立川口。

【施設・設備】

■開園時間：3月1日～10月31日(9：30～17：00)，11月1日～2月末日(9：30～16：30)，4月1日～9月30日の土日祝(9：30～18：00)

■休園日：年末・年始(12月31日・1月1日)，2月の第4月曜とその翌日

■入園料：大人410円，シルバー(65歳以上)210円

■駐車場：立川口，西立川口，砂川口の3か所
普通車820円(年間パスポート提示で720円)
原付・自動二輪車260円(年間パスポート提示で210円)

■トイレ：園内各所にあり

【After Birdwatching】

- 春はウメ，サクラ，夏はポピー，チューリップ，サギソウ，秋はコスモスやモミジ，イチョウなどの紅葉・黄葉，冬はサザンカ，ソシンロウバイ，またクリスマスシーズンのイルミネーションなど，野鳥観察目的でなくとも，一年中，飽きることのない公園である。

はむらせきしゅうへん

羽村堰周辺

羽村市　MAPCODE® 23 621 203*40（羽村市郷土博物館）

1 2 3 4 5 6 7 8 9 10 11 12

オオヨシキリ

多摩川中流域に位置する羽村堰は，玉川上水開削時（1654 年）に設置された。取水口に多摩川からの大量の水が勢いよく流れ込む様を見ると，360 年以上経た今も現役の水道施設であることを実感できる。堰のかたわらでは開削工事を指揮した玉川庄右衛門・清右衛門兄弟像が見守っている。

羽村堰周辺は河川敷が広がり，四季を通じて探鳥が楽しめるフィールドだ。堰近くの水辺では食物を探すイソシギ，セキレイ類，サギ類が通年見られるだろう。堰を少し下ると多摩川を渡る人道橋のせきした橋に出る。この橋を渡ると上流の羽村市郷土博物館方面に向かうコース，下流を永田橋方面へ進むコースに分かれるが，どちらに向かう場合も，水辺，アシ原，河畔林はもちろん，上空にも注意しながら歩こう。

せきした橋からアシ原を眺めると，春はホオジロのさえずりの中，カワセミの求愛給餌をよく目にする。秋から冬はベニマシコをはじめ冬鳥の姿も多数見られるだろう。橋から上流の川幅は広く，冬は水面にホオジロガモが浮かぶ。河川敷での探鳥後は羽村市郷土博物館で休憩をとるとよい。初夏はさらにその先の羽村草花丘陵自然公園の遊歩道を浅間岳まで足を伸ばせば，キビタキやオオルリなどと出会えるだろう。なお，タカの渡りの時期は郷土博物館前の堤防でサシバ，ハチクマが観察でき，ピーク時には数十羽のサシバのタカ柱を見ることがある。

堰から下流に向かう場合は，多摩川の左岸右岸どちらを歩いてもよいが，左岸に沿って下ると，日本野鳥の会の創設者中西悟堂が「野鳥村」創設を志したといわれる加美上水公園に立ち寄ることができる。

〔滝島克久〕

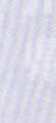

青梅　小作取水堰　圏央道　滝山街道　阿蘇神社　根がらみ前水田　青梅線　多摩川　満地峠　駐車場　宮の下運動公園　コガモ　マガモ　カイツブリ　イソシギ　キアシシギ　コチドリ　セキレイ類　遊歩道　ゴルフ場　羽村神社　羽村市水上公園　羽村駅　ホオジロガモ　カワセミ　羽村取水堰　玉川兄弟の像　羽村草花丘陵自然公園　411　浅間岳　羽村市郷土博物館　バン　カイツブリ　カルガモ　サギ類　せきした橋　多摩川土手　オオルリ　キビタキ　ルリビタキ　ミソサザイ　ヤマガラ　シジュウカラ　エナガ　アオゲラ　オオタカ　ノスリ　サシバ　玉川上水　羽村大橋　N　立川国際カントリークラブ　加美上水公園　河畔林　大澄山　かに坂公園　0　500m　永田橋

ホオジロ

アカゲラ

羽村堰を起点に多摩川の上流側・下流側それぞれの左岸右岸とも川沿いを歩くことができる。ただし，羽村市郷土資料館から右岸沿いの遊歩道は崩落のため現在通行止めになっている。トイレはせきした橋側，羽村市郷土博物館，かに坂公園にある。

鳥情報

季節の鳥／

(春・夏) オオヨシキリ，ツバメ，イワツバメ，コチドリ，キビタキ，オオルリ
(秋) エゾビタキ，ノビタキ，サシバ，ハチクマ
(冬) ホオジロガモ，アカゲラ，モズ，カシラダカ，シロハラ，アカハラ，ツグミ，ジョウビタキ，ルリビタキ，アトリ，マヒワ，ベニマシコ，ウソ，シメ，カシラダカ，ミヤマホオジロ，アオジ，クロジ，ヒレンジャク
(通年) キジバト，トビ，オオタカ，ノスリ，イカルチドリ，コゲラ，アオゲラ，ヒメアマツバメ，カケス，ハシボソガラス，ハシブトガラス，ヤマガラ，シジュウカラ，ヒヨドリ，ウグイス，エナガ，メジロ，キセキレイ，ハクセキレイ，セグロセキレイ，カワラヒワ，ホオジロ

撮影ガイド／

羽村堰周辺はほとんどの場所で支障なく撮影ができる。ポイントを探し，三脚を立てて撮影するのもよい。せきした橋は狭く，歩行者・自転車が行き交うので三脚を立てての撮影は控えること。

問い合わせ先／

羽村市郷土博物館　Tel: 042-558-2561
http://www.city.hamura.tokyo.jp/0000005474.html

メモ・注意点／

- 堤防上の道は比較的広いが，自転車には注意したい。
- 日本野鳥の会奥多摩支部による探鳥会が第１水曜に実施されているほか，９月中旬から10月上旬はタカの渡り観察会も開催している。また，保全活動として夏季を除く第１・第３日曜に，羽村市郷土博物館近くの河原の整備活動を行っている。

探鳥地情報

【アクセス】

- 車：圏央道「あきるの IC」「青梅 IC」から約20分。中央自動車道「八王子 IC」から約30分
- 電車・バス：JR 青梅線「羽村駅」西口から羽村取水堰まで徒歩約15分。羽村駅東口からコミュニティバス「はむらん」(羽村西コース) で約20分，「郷土博物館」下車

【施設・設備】

羽村市郷土博物館

- 開館時間：9：00～17：00　月曜休館（祝日は開館）
- 入館料：無料
- 駐車場：あり（無料）

【After Birdwatching】

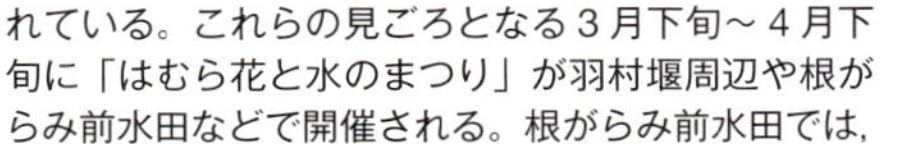

- 玉川上水沿いの土手は約1kmの桜並木となっているほか，根がらみ前水田ではチューリップが栽培されている。これらの見ごろとなる３月下旬～４月下旬に「はむら花と水のまつり」が羽村堰周辺や根がらみ前水田などで開催される。根がらみ前水田では，８月に大賀ハスの観蓮会も開催している。

玉川兄弟の像　　羽村市郷土博物館

おうめながやまきゅうりょう

青梅永山丘陵

青梅市　MAPCODE® 23 737 721*21

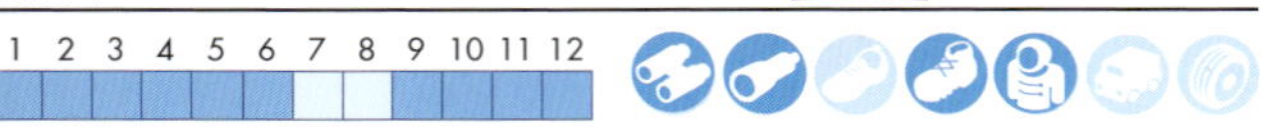

サシバ。秋には渡る姿が観察できる

永山丘陵は，青梅丘陵ハイキングコースの起点でもある永山公園と，その北側に隣接する青梅の森一帯を指し，針葉樹，広葉樹がモザイク状に広がる丘陵地帯は，野鳥が集まりやすい環境といえる。春～秋は木々の間からキビタキ，オオルリ，サンコウチョウ，クロツグミなどの声が聞こえ，秋～春はジョウビタキ，ルリビタキ，トラツグミ，シロハラ，ベニマシコなどがこの森にやってくる。

「青梅駅」から，スタート地点となる永山公園総合運動場へは徒歩約 10 分。小高い場所にあるため，眼下に青梅駅周辺の町並みが広がり，多摩川上空を飛ぶトビやサギ類なども目にするだろう。ハイキングコースに入り，しばらく歩くと，第 2 休憩所付近で辛垣城（からかいじょう）跡，雷電山（らいでん）を経て「軍畑駅（いくさばた）」へ続く青梅丘陵ハイキングコースとの分岐点に達するが，北の展望広場を目指す。展望広場は北側と東側が開けており，狭山丘陵や天気がよければ新宿のビル群や東京スカイツリーまで望める。9 月下旬～ 10 月中旬には，ここでサシバやハチクマの渡りを観察することができる。

第 2 休憩所から北へ向かうコースは，ハイカーが少ない静かな道だ。ところどころで展望を楽しみながら尾根道を進んでいく。鉄塔を過ぎると北谷津と呼ばれる湿地へと下る林道となる。この辺りは，カラ類の混群をよく目にし，時にはヤマドリが飛び出すこともある。夏鳥はキビタキ，ホトトギス，冬鳥はマヒワ，アトリ，ウソなどが多い。湿地周辺では，秋～春までアオジ，カシラダカ，ミソサザイなどが観察できる。　〔荒井悦子〕

北谷津から来た道を戻り，「青梅駅」に向かうと約 1 時間。北谷津から市街地方面へ向かうと畑地，休耕田など見ながら「東青梅駅」に向かうことができる。ハイキングコースは整備され歩きやすいが，雨具や軽登山靴といったハイキングの服装・装備で臨みたい。

鳥情報

季節の鳥／

（春・秋）ホトトギス，キビタキ，オオルリ，コサメビタキ，サンコウチョウ，ヤブサメ，センダイムシクイ，アオバト，サシバ，ハチクマ
（冬）ジョウビタキ，ルリビタキ，アオジ，カシラダカ，トラツグミ，シロハラ，マヒワ，アトリ，ベニマシコ，アカゲラ
（通年）シジュウカラ，ヤマガラ，エナガ，コゲラ，アオゲラ，メジロ，ホオジロ，カケス，ノスリ，オオタカ，ツミ

撮影ガイド／

ハイキングコースは，幅が広いので三脚を立てていても邪魔にはならない。野鳥の営巣地も多く，カメラマンの姿をよく見かけるが，巣には必要以上に近づかず，営巣中の鳥のストレスにならないよう配慮してほしい。

問い合わせ先／

日本野鳥の会奥多摩支部事務局　Tel: 0428-23-3498
http://wbsj-okutama.com/

メモ・注意点／

- 日本野鳥の会奥多摩支部による青梅永山丘陵探鳥会が毎月第 4 水曜に開催されている（東青梅駅北口 8：30 集合，解散は 12：00 ごろ）。ただし 9 月はタカの渡り観察会が入るため，日程変更もある。昼食は不要だが，雨具は持参し，足元のしっかりした靴で参加したい。詳細は上記ホームページを参照のこと。

探鳥地情報

【アクセス】

- 車：圏央道「青梅 IC」から約 15 分
- 電車：JR 青梅線「青梅駅」下車，徒歩約 10 分

【施設・設備】

- 駐車場：ハイキングコース入り口付近に無料駐車場があり，青梅鉄道公園を目安に来るとわかりやすい
- トイレ：永山公園内にあり
- 食事処：園内に売店はなく，飲料・昼食は持参する

【After Birdwatching】

- 青梅丘陵ハイキングコースは，JR 青梅線の青梅駅～軍畑駅間の各駅に下るエスケイプルートがあり，体力や時間に応じたコース選びもできる。よく整備されており大人から子どもまで山歩きを楽しめる。また，北谷津から近い霞川の源流にある天寧寺は，丘陵を背景にした七堂伽藍の配置が美しく，山門にはリアルな野鳥が描かれている。時間に余裕があればぜひ訪れたい。

天寧寺の山門

東京都

みたけさん

御岳山

青梅市　MAPCODE® 23 756 470*57

1 2 3 4 5 6 7 8 9 10 11 12

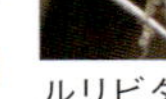

ルリビタキ

武蔵御岳神社の信仰とともに古くから山稜に御師集落が開けた御岳山は，広葉樹林が残る貴重な場所であり，四季を通じて探鳥が楽しめる。

コースは大きく2つに分けられ，春～夏は沢沿いのロックガーデン。秋～冬は木漏れ日の大塚山周辺が適している。早朝の御岳平は小鳥たちが飛来することが多く，まずはここでの定点観測を勧めたい。朝方の表参道も多くの鳥がいるので，急がずに斜面の木々に注目しながら歩こう。

春はミソサザイがさえずり，オオルリ，キビタキが飛来する4～6月はいっそうにぎやかになる。初夏は巣立ち雛に出会えるかもしれない。8～10月はさえずりが少なく，茂った木の葉で観察が難しくなるが，富士峰のレンゲショウマ，ロックガーデンのイワタバコやタマガワホトトギスなどの花を見ながら，ゆっくりと鳥を探したい。端境期となる9～10月は，日の出山など展望の開けた場所でタカの渡りを観察するのがおもしろい。12～3月は，大塚山を周遊しカラ類の混群や冬鳥を探すのがよいだろう。また，御師集落の裏道も探鳥スポットがあるため，観光客や登山者でにぎわう表参道から分かれて静かな道を鳥を探しながら歩きたい。なお，御岳山ではスズメ，ムクドリ，ドバトはまず見られない。似たような鳥がいたらしっかり確認しておこう。

「御嶽駅」まで戻ったら，御岳渓谷の遊歩道を歩くのも楽しい。山中では出会えなかった水鳥やカワガラスなどを観察することができる。

〔蒲谷剛彦〕

探鳥環境

武蔵御嶽神社　　オオルリ　　ムササビ

御岳山駅前の広場が御岳平。富士峰に上がると展望台がある。夏はここから産安社を経てビジターセンター，ロックガーデンを回って御岳平へ戻る。七代の滝への道は急な下りとなり，ロックガーデンへは鉄の階段の登りになるので探鳥メインなら割愛してもいい。冬は表参道を探索したら御岳平に戻り，富士峰に上がり大塚山を一周し，ビジターセンターを経て長尾平へ。歩き回らずに定点観察もよい。

鳥情報

季節の鳥

（春・夏）イワツバメ，ヤブサメ，コルリ，クロツグミ，コサメビタキ，キビタキ，オオルリ
（秋）サシバ，ハチクマ（タカの渡りの時期）
（冬）モズ，カシラダカ，シロハラ，ジョウビタキ，カヤクグリ，ルリビタキ，アトリ，マヒワ，ベニマシコ，ウソ，シメ，カシラダカ，ミヤマホオジロ，アオジ，クロジ
（通年）アオバト，ノスリ，クマタカ，コゲラ，オオアカゲラ，アカゲラ，アオゲラ，カケス，キクイタダキ，コガラ，ヤマガラ，ヒガラ，シジュウカラ，ヒヨドリ，ウグイス，エナガ，メジロ，ゴジュウカラ，キセキレイ，カワラヒワ，イカル，ホオジロ

撮影ガイド

御岳で主体となる小鳥たちは動きが速いので，合焦の速いカメラが適している。なお，三脚を立ててゆっくり撮影することは少ないので，一脚使用か手持ちできる機材がよい。

問い合わせ先

御岳ビジターセンター
https://www.ces-net.jp/mitakevc/
御岳登山鉄道　https://www.mitaketozan.co.jp/
みたけ山観光協会　http://www.mt-mitake.gr.jp/

メモ・注意点

- 日本野鳥の会奥多摩支部が毎月原則第１日曜に探鳥会を開催している。
https://wbsj-okutama.jimdo.com/

探鳥地情報

【アクセス】

- 車：中央道から「八王子 IC」から国道 411（青梅街道）経由で約 60 分。圏央道から「青梅 IC」から国道 411 経由で約 40 分
- 電車・バス：JR 青梅線「御嶽駅」下車後，西東京バスで「ケーブル下」へ。御岳登山鉄道（ケーブルカー）に乗り「御岳山駅」下車

【施設・設備】

御岳ビジターセンター
- 開館時間：9：00 ～ 16：30
- 休館日：毎週月曜（祝日の場合は翌日），年末年始
- トイレ：あり

野鳥はもちろん，植物や昆虫の情報や登山道の状態なども知ることができる。

【After Birdwatching】

- 御師集落には多くの宿坊があり，宿泊してヨタカなど夜の鳥やムササビ観察，早朝のコーラスを聞くのもよいだろう。御岳ビジターセンターでもムササビ観察会を開催している。また，日本野鳥の会創設者中西悟堂ゆかりの「駒鳥山荘」では滝修行も受け付けている。
- 御岳平からの参道沿いに飲食店や土産物店が並ぶが，駒鳥売店側で眺める神代けやきは見事。探鳥の後に食事をとるなら，御嶽駅近くにある「玉川屋」の蕎麦がおすすめ。ただし人気店なので，行楽シーズンは混雑する。並ぶことを覚悟で。

東京都

ひかわけいこく&かおりのみち（とけとれいる）

氷川渓谷&香りの道（登計トレイル）

西多摩郡奥多摩町　MAPCODE 348 806 747*87（タイムズ奥多摩町役場）

1	2	3	4	5	6	7	8	9	10	11	12

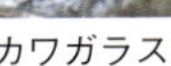

カワガラス

笠取山を源流とする多摩川と，雲取山を源流とする日原川の合流点周辺は氷川渓谷と呼ばれる景勝地。「奥多摩駅」前のバス停脇から階段を下り遊歩道に出ると，川幅が狭く両岸が迫り，比較的近い距離でカワガラス，ミソサザイ，セキレイ類が見られるほか，切り立った岸に生えた木々には，春から夏はオオルリ，キビタキが，秋から冬はマヒワやアトリが止まっているだろう。少し進み車道に上がると北氷川橋だ。春から夏，ここではツバメやイワツバメが乱舞している。橋を渡り対岸に出たら遊歩道沿いに日原川を下流に向かって歩き，多摩川の合流点から上流に向かい登計橋を渡る。右岸を上流に向かって進み車道に出たら，奥多摩総合運動公園に向かう。公園ではホオジロ，モズなどが見られるほか，上空が開けるので猛禽を探そう。

ここから香りの道（登計トレイル）に入る。氷川渓谷の遊歩道と比べ，人影もまばらなこの道は山の鳥の宝庫だ。少し歩くと開けた場所に出るが，ここも猛禽の観察ポイントになっている。ウッドチップが敷かれた道をしばらく進むと車道に出る。右手を行くと登計峠だ。アオゲラなどの声が聞こえ，春はヤマザクラの花びらが舞っている。

峠からさらに進むと愛宕山で，山頂の愛宕神社に参拝したら来た道を戻り，車道を下る。道標に従って右の小道を進むと登計園地に出る。車道が見えたら登計橋に向かい，対岸へ渡り，さらに氷川小橋を渡る。橋の上から渓谷の景色を楽しんだら奥氷川神社へ。境内の杉木立では思わぬ「拾い物」があるかもしれない。神社から奥多摩駅はすぐだ。

〔蒲谷剛彦〕

探鳥環境

ミソサザイ

氷川渓谷沿いの遊歩道

奥多摩観光協会のホームページにアクセスすると「奥多摩駅周辺ハイキングマップ」がダウンロードできる。マップを参考に歩くと現在地がわかり便利である。なお，愛宕山から直接登計園地に下る場合は愛宕神社の石段に注意。高所恐怖症の人は足がすくんで下りられないので，石段を通るなら氷川キャンプ場側からの逆コースとして登りに利用するのがよい。

鳥情報

季節の鳥／

（春・夏）サンショウクイ，イワツバメ，ヤブサメ，クロツグミ，コサメビタキ，キビタキ，オオルリ
（タカの渡り）サシバ，ハチクマ
（秋・冬）モズ，コガラ，ヒガラ，カシラダカ，シロハラ，ジョウビタキ，カヤクグリ，ルリビタキ，アトリ，マヒワ，ウソ，シメ，カシラダカ，ミヤマホオジロ，アオジ，クロジ
（通年）オシドリ，カルガモ，キジバト，アオバト，カワウ，トビ，ノスリ，コゲラ，アカゲラ，アオゲラ，カケス，キクイタダキ，ヤマガラ，シジュウカラ，ヒヨドリ，ウグイス，エナガ，メジロ，キセキレイ，セグロセキレイ，ミソサザイ，カワガラス，カワラヒワ，イカル，ホオジロ

撮影ガイド／

氷川渓谷の遊歩道は狭く，三脚を立てての撮影には向かない。香りの道はところどころで道幅が広くなっているが，林に囲まれているので，手持ちで振り回しできる機材がよい。

問い合わせ先／

奥多摩ビジターセンター
https://www.tokyo-park.or.jp/nature/okutama/
奥多摩観光協会　http://www.okutama.gr.jp/

メモ・注意点／

- 日本野鳥の会奥多摩支部が，4月および5月の第4または第5日曜に探鳥会を実施している。
https://wbsj-okutama.jimdo.com/

探鳥地情報

【アクセス】

- 車：圏央道「青梅 IC」から国道 411 号（青梅街道）経由で約 45 分。中央自動車道「八王子 IC」から国道 411 号経由で約 75 分
- 電車：JR 青梅線「奥多摩駅」下車（東京方面からは土曜・休日に 3 本運行する「ホリデー快速奥多摩号」の利用が便利）
- 駐車場：町営氷川駐車場（氷川キャンプ場に隣接），タイムズ奥多摩町役場

【施設・設備】

奥多摩ビジターセンター
- 開館時間：9：00 ～ 16：30
- 休館日：毎週月曜（祝日の場合は翌日），12 月 29 日～ 1 月 3 日

【After Birdwatching】

- 日帰り入浴施設「もえぎの湯」は「奥多摩駅」から徒歩 10 分ほど。シーズン中は混雑する。駅周辺の旅館（麻葉の湯：三河屋旅館，鶴の湯：玉翠荘，荒澤荘，国民宿舎観光荘，馬頭館，丹下堂）でも日帰り入浴できるので利用したい。

登計橋

みとうさん（とみんのもり）

三頭山（都民の森）

西多摩郡檜原村　MAPCODE® 348 559 093*47（都民の森駐車場）

1 2 3 4 5 6 7 8 9 10 11 12

コガラ

標高 1,531 m の三頭山は，人工林が多い奥多摩にあって自然がよく残され，まとまったブナ林が見られる山である。1990 年に「都民の森」として整備，バス停や駐車場の標高が約 1,000 m と，山頂までの標高差も小さいため，気軽に亜高山の鳥に出会える探鳥地となった。駐車場から「森林館」までは，沢沿いにキセキレイやミソサザイ，運がよければカワガラスが見られるだろう。また，森林館前では人馴れしたコガラ，ヤマガラ，ときにはゴジュウカラも寄ってくる。

三頭大滝までの遊歩道は，ウッドチップが敷かれた森林セラピーロードになっており，オオルリのほか，針葉樹に止まるキクイタダキが見られる。三頭大滝からは，三頭沢沿いのブナの路を進もう。ムシカリ峠までの道は，ミソサザイやゴジュウカラなど数多くの鳥と出会えるだろう。ムシカリ峠を左に行けば数分でブナ林の中の避難小屋に着く。昼食をとるのによい場所だ。

ムシカリ峠に戻り，階段の多い登りを山頂までコルリを探しながら歩く。山頂から富士山などの山々を堪能したら鞘口（さいぐち）峠方向に下り，東峰展望台は巻道でパスし，ブナやミズナラなどの落葉広葉樹の中でカラ類を探しながら見晴し小屋へ進む。続いて，静かな山歩きが楽しめる陽光の路を下り，秋の紅葉が素晴らしい回廊の路を経て鞘口峠へ。旧スポーツ歩道の入口から落葉広葉樹の森を歩いて炭焼釜まで下山すれば，オオルリ，ミソサザイの声が聞こえるだろう。木材工芸センターを経由し森林館の 2 階のテラスに立つと，飛翔するカケスやアオバトを目にすることがある。

〔岡山嘉宏〕

探鳥環境

森林館

避難小屋

遊歩道が各所に張り巡らされているが，森林館を起点とした大滝の路からブナの路を巡る周遊コースがおすすめ。登山に抵抗がある人でも，森林館から約 20 分の三頭大滝までは広い散策路が整備されており，往復するだけでも十分に自然を満喫することができる。登山道は危険箇所も少なく歩きやすいが，冬季は三頭沢の凍結・積雪のため，簡易アイゼンは必須である。

鳥情報

季節の鳥／

（春・夏）オオルリ，コマドリ，コルリ，キビタキ，マミジロ，クロツグミ，アカハラ，ヤブサメ，ジュウイチ，ツツドリ，ホトトギス，センダイムシクイ
（秋・冬）アトリ，マヒワ，ツグミ，ジョウビタキ，ベニマシコ，カヤクグリ
（通年）コガラ，ヤマガラ，ヒガラ，シジュウカラ，エナガ，ゴジュウカラ，カケス，ウソ，キセキレイ，ミソサザイ，オオアカゲラ，コゲラ，ルリビタキ，キクイタダキ

撮影ガイド／

森林館付近は，人馴れしているカラ類が多く撮影がしやすい。登山道は往来が多く，道を外れると野鳥が営巣放棄する可能性があるため，三脚使用は控えたい。400 mm 以下のレンズで手持ち撮影がベスト。

問い合わせ先／

東京都檜原都民の森 管理事務所
Tel: 042-598-6006　FAX: 042-598-6703
Email info@hinohara-mori.jp
https://www.hinohara-mori.jp/

メモ・注意点／

- 定期的にバードウォッチングイベント（当日受付，申込制）が開催されている。詳細は上記都民の森ホームページ参照。日本野鳥の会奥多摩支部でも年数回の登山探鳥会を実施している。

探鳥地情報

【アクセス】

■車：中央自動車道「上野原 IC」から約 45 分，圏央道「日の出 IC」「あきる野 IC」から約 60 分
■電車・バス：JR 五日市線「武蔵五日市駅」より，西東京バス「数馬」行き終点下車（約 60 分），都民の森行き無料連絡バスに乗換（約 15 分）。時間帯により「都民の森」行きの直通バスもある。なお，無料連絡バス運行期間は，4～11 月（休園日を除く毎日）および 3 月の土日祝日である

【施設・設備】

森林館
■開館時間：9：30～16：00（季節により 17：30 まで）
■休館日：月曜（祝日の場合は翌日），12 月 29 日～1 月 3 日
■駐車場：無料（普通車 100 台）。利用時間は 8：00～17：00（季節により 7：00～18：00 まで）。夜間駐車する場合は必ず管理事務所まで申し出ること。三頭山エリアの動植物全般の情報が得られるほか，山靴や車椅子の貸出サービスも行っている

【After Birdwatching】

- 数馬の湯：三頭山の麓の日帰り温泉。飲食・土産物コーナーのほか，温泉スタンド（100 リットル 100 円），電気自動車用の急速充電スタンドもあり。
Tel: 042-598-6789
http://kazumanoyu.net/

くもとりやま

雲取山

西多摩郡奥多摩町ほか MAPCODE® 348 702 859*04（丹波山村村営駐車場）

1	2	3	4	5	6	7	8	9	10	11	12

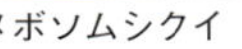
メボソムシクイ

東京都の最高峰，雲取山の標高は2,017m。東京，埼玉，山梨の3県境に位置し，日本百名山に選ばれている。東京都側と山梨県側は東京都水道局の水源林として管理されており，豊かな自然が維持されている。

雲取山は探鳥地というより登山しながら探鳥する場所。ルートは奥多摩側の鴨沢か埼玉側の三峰神社からのコースがよく利用されているが，鳥を探しながら登ると時間がかかるので早朝出発が大原則である。

鴨沢から入る場合は，まずは多摩川の流れに双眼鏡を向け，オシドリなどを探そう。対岸の木の梢には猛禽が止まっていることがある。登山道に入ると耳を頼りに鳥を探すことになるが，七ツ石小屋へ登ると展望が開け，梢にビンズイなどが止まる姿を目にし，七ツ石山の巻き道を行くと，夏はコルリ，コマドリなどの声を聞く。ブナ坂で七ツ石山からの道と合流し，防火帯の切り開きを進む。遠く富士山が望める道沿いでは，夏はクロジやメボソムシクイ，秋はルリビタキ，ウソなどを見ることができる。ヘリポート周辺で小休止したら小雲取山の急登を登る。もうひとがんばりで雲取山の山頂だ。山頂からの景色を楽しんだ後，宿泊地となる雲取山荘へ向かって，見事な針葉樹の林の中を下っていく。

2日目は，春から初夏はから七ツ石山まで戻り，鷹ノ巣山避難小屋から峰谷へ下山するルートがおもしろい。また，1日目に雲取山に登っているなら，早朝に巻き道に入ることをおすすめしたい。小鳥たちが多く見られる30分ほどの道だが，観察に夢中になっていると思いのほか時間が経っていることもあるので注意。秋は三峰神社へ下るのもいい。美しい紅葉の中，マミチャジナイに会うことがある。秋の三条の湯も紅葉が素晴らしく，ひと風呂浴びて1泊するプランを立てれば夜の鳥も楽しめるだろう。〔蒲谷剛彦〕

雲取山は縦走の十字路で東西南北から登ることができるが，南の鴨沢，北の三峰神社からのコースが一般的である。シーズン中の雲取山荘は混雑するため予約するとよい。また，朝食は時間をずらして探鳥後にすると並ばなくて済む。朝晩は冷えるので，防寒着は必携。雲取山荘は冬季も営業しているが，降雪があり登山道が氷結しているほか，多くの鳥が平地に下りているので探鳥には向かない。

鳥情報

季節の鳥／

(春･夏)ジュウイチ，ホトトギス，ツツドリ，イワツバメ，ヤブサメ，メボソムシクイ，センダイムシクイ，マミジロ，クロツグミ，アカハラ，コマドリ，コルリ，コサメビタキ，キビタキ，オオルリ，ビンズイ
(秋)シロハラ，ツグミ，アトリ，マヒワ，マミチャジナイ
(通年)キジバト，アオバト，ハイタカ，ノスリ，コゲラ，アカゲラ，アオゲラ，カケス，キクイタダキ，コガラ，ヤマガラ，ヒガラ，シジュウカラ，ヒヨドリ，ウグイス，エナガ，メジロ，ゴジュウカラ，キバシリ，ミソサザイ，カヤクグリ，ウソ，シメ，イカル，ルリビタキ，アオジ，クロジ

撮影ガイド／

登山を兼ねた探鳥で小鳥がメインになるので，機動性を優先して機材を選定する。鳥と山岳写真の両方を狙うなら小型の三脚を用意する。野鳥撮影を主目的にするなら別の探鳥地を選んだほうがいい。

問い合わせ先／

奥多摩ビジターセンター
https://www.tokyo-park.or.jp/nature/okutama/
奥多摩観光協会　http://www.okutama.gr.jp/
秩父観光協会　http://www.chichibuji.gr.jp/

メモ・注意点／

- 完全に登山の領域になるので登山届を提出してほしい。インターネットでも届け出ができる。また，登山経験に不安がある人は経験者と同行すること。

探鳥地情報

【アクセス】

■車：中央自動車道「八王子 IC」または圏央道「青梅 IC」から国道 411 号（青梅街道），奥多摩湖経由
■電車：JR 青梅線「奥多摩駅」下車。西東京バスで鴨沢へ。東京方面からは「ホリデー快速おくたま 1 号」が便利

【施設・設備】

- 雲取山荘　http://kumotorisansou.com/

■営業日：通年
■料金：2 食付き 8,200 円，素泊り 5,500 円，テント泊 500 円
■トイレ：あり　■水場：あり

- 三峰神社興雲閣
http://www.mitsuminejinja.or.jp/kounkaku/

■営業日：通年（予約制）
■料金：2 食付き 12,250 円，素泊り 6,750 円
■日帰り入浴：600 円

【After Birdwatching】

- 三峰神社に下山すれば，参道に多くの店があり土産物の購入や食事をとることができる。境内にある興雲閣では日帰り入浴が可能。奥多摩方面に下山した場合は，奥多摩駅周辺で日帰り入浴できる。

これはオススメ! # 野鳥を軽快に見るならこの道具

超軽量・超コンパクトなハイグレード機で鮮明に楽しむ

KOWA PROMINAR で上質な観察体験を!

最上級の視界で観察できる超軽量、超コンパクトな組合せ、それが GENESIS 22 と TSN-554 PROMINAR だ。口径 22mm の XD レンズを搭載し、コンパクト双眼鏡の常識を超えた " 見え " を発揮する GENESIS 22。フローライトクリスタルを搭載し、透明感の高いクリアな視界を生み出すスポッティングスコープ TSN-550。持ち歩くことが負担にならないコンパクトモデルで、国内外の旅行、登山・ハイキングなどの際にも、時・場所を問わず、存分に野鳥観察を楽しんで欲しい。

窒素ガス充填防水

GENESIS 22 PROMINAR

◎ XD レンズ（eXtra low Dispersion lens）による色収差を徹底的に除去したハイコントラストな視界
◎光のロスを防ぎ、クリアな明るさと正確な色再現性を誇る "C3 コーティング " と " フェーズコーティング "。レンズ外面には汚れのつきにくい KR コーティング
◎軽く頑強なマグネシウム合金ボディ

GENESIS 22-8 (8x22)　95,000 円（税別）
GENESIS 22-8 (10x22)　100,000 円（税別）

窒素ガス充填防水

TSN-553/554 PROMINAR

◎フローライトクリスタルを搭載し色収差を徹底除去。透明感の高いクリアな視界で観察が可能
◎レンズ・プリズムの全面にマルチコーティング。対物レンズ外面には汚れのつきにくい KR コーティング
◎より素早く、より正確に! デュアルフォーカスノブ
◎ 15 ～ 60 倍ズームアイピース付属（固定式）

TSN-553 PROMINAR（傾斜型）216,000 円(税別)
TSN-554 PROMINAR（直視型）206,000 円(税別)

興和光学株式会社

URL:http://www.kowa-prominar.ne.jp

TEL.03-5614-9540

各都県の鳥①

文：神戸宇孝
写真：叶内拓哉

東京都の鳥　ユリカモメ

●チドリ目カモメ科　●学名：*Larus ridibundus*
●英名：Black-headed Gul　●全長：40cm
●生息環境：湿原や河川，田畑などの湿地環境。
●生息域：日本全国の港湾や湖沼，河川などに冬鳥として飛来。
●選定理由：候補として選定した 10 種のうち，投票でいちばん得票数が多く，鳥獣審議会と協議して 1965 年 10 月 1 日決定。

千葉県の鳥　ホオジロ

●スズメ目ホオジロ科　●学名：*Emberiza cioides*
●英名：Meadow Bunting　●全長：17cm
●生息環境：里山など樹林に隣接した草地を好む。
●生息域：日本全国で記録があり，個体数も多い。冬になると，寒冷地や雪の多い地方のものは，暖地へ移動する。
●選定理由：県内に多く生息すること，春から秋にかけてのさえずりは特に美しく一般に親しまれていること，県鳥の候補 10 種の中で，応募数がいちばん多かったことなどから 1965 年 5 月 10 日決定。

埼玉県の鳥　シラコバト

●ハト目ハト科　●学名：*Streptopelia decaocto*
●英名：Eurasian Collared Dove　●全長：33cm
●生息環境：市街地周辺の林や農耕地，川原，公園などに生息し，農家の屋敷林もよく利用する。
●生息域:埼玉県越谷市を中心とした東京都，茨城県，千葉県，群馬県の平野部。江戸時代に鷹狩りの獲物として放鳥された。そのほかの地域でも時々記録があるがこちらは自然分布の可能性がある。
●選定理由：県民投票の結果をもとに，県民の鳥審査会で審議した結果，選定当時は越谷市周辺のみに生息し，学術的にも貴重な種であること，年間を通して県内で見られること，ハトは平和のシンボルであり,広く親しまれている童謡「鳩」はシラコバトのことを歌っているといわれていることなどから 1965 年 11 月 3 日選定。

神奈川県の鳥　カモメ

●チドリ目カモメ科　●学名：*Larus canus*
●英名：Mew Gull　●全長：41 ～ 48cm
●生息環境：河口，干潟などのほか，海に近い湖沼などの広い水辺にも飛来することがある。
●生息域：日本全国の沿岸部。
●選定理由:国際的に知られた日本の海の玄関「横浜港」をもつ神奈川県にふさわしく，一般に親しまれている鳥であること，横浜港をはじめ，県内ほとんどの海岸で見られること,国際平和を象徴する鳥とされていること，などから 1965 年 5 月 9 日に決定。

ぎょうとくちょうじゅうほごく

行徳鳥獣保護区

市川市  6 275 758*66

1	2	3	4	5	6	7	8	9	10	11	12

保護区外周緑地帯のカワウの集団繁殖
ニー）では子育ての様子も見られる

東京湾奥部に造成された干潟と淡水湿地からなる鳥獣保護区。隣接する宮内庁新浜鴨場と合わせて83haの行徳近郊緑地特別保全地区となっている。丸浜川と呼ばれる水路の土手越しに見える広い水面は海水で，東京湾とは水路でつながっており，干潮時には1haほどの泥干潟が出現する。保護区本土部は棚田や水路，アシ原などがあり，主に淡水湿地環境を再生する試みが行われている。また，国道357号沿いの外周部緑地帯は，関東有数のカワウ繁殖地となっている。ふだん保護区は立入禁止となっており，丸浜川沿いの遊歩道からの観察となる。保護区内には日曜祝日の園内観察会で入ることが可能なほか，外周の緑地帯南西部の一画が「緑の国」として土日祝日に開放されている。観察施設は2020年7月ごろに新施設が開館する予定。隣接する野鳥病院では県内で保護された傷病野鳥が収容されており，ふだん見られない鳥が間近で見られることも。

淡水から海水への湿地や樹林まで幅広い環境があるため，水鳥から森林性の小鳥，猛禽類など多種にわたって記録がある(250種以上)。海水域や淡水池は冬にスズガモ，ホシハジロ，コガモといったカモ類や，カモメ類，カイツブリ類が集まり，干潟や淡水湿地には季節によりコチドリ，クサシギ，チュウシャクシギなどのシギ・チドリ類が少数だが渡来。アシ原では夏にオオヨシキリ，冬はオオジュリンやベニマシコなどの小鳥も見られる。また近年は，オオタカやチュウヒなど猛禽類が多く越冬しており，多い日には5種以上出ることもある。〔山口 誠〕

探鳥環境

保護区内では，埋め立てられる前の行徳地域の原風景を垣間見ることができる

バス停，駐車場いずれからも丸浜川沿いの遊歩道を歩きながら水辺や緑地の鳥を探し，観察舎前の見晴らしのよいところで干潟や海域の水鳥や猛禽類を探してみるのがよい。観察舎隣の野鳥病院は外から自由に見学できる。土日祝日で時間があれば観察会（日曜・祝日 13：30 ～ 15：30，雨天中止）に参加したり，緑の国（一般開放 9：30 ～ 16：00，11 ～ 1 月は 15：00 まで）へ足を延ばしてみよう。

鳥情報

季節の鳥

（春・秋）キビタキ，アオアシシギ
（夏）オオヨシキリ，コチドリ，チュウサギ，チュウシャクシギ
（冬）スズガモ，セグロカモメ，カンムリカイツブリ，ノスリ，チュウヒ，アオジ
（通年）アオサギ，カワウ，カルガモ

撮影ガイド

丸浜川沿い～対岸の土手上の水鳥・小鳥狙いなら 300mm ほどのレンズでも撮影可能。それより遠方のカモや干潟のシギ・チドリ類，猛禽類を狙うなら 500mm 以上の望遠レンズが望ましい。観察舎正面などの見渡しのよい場所で待つのがいちばん探しやすい。丸浜川をまたぐ保護区入口門周辺の林は，キビタキやウソなど，渡りや冬の小鳥が出現する。

問い合わせ先

行徳野鳥観察舎 Tel: 047-397-9046（9：00～17：00）
http://gyotokubird.wixsite.com/npofgbo
http://suzugamo.seesaa.net/

メモ・注意点

- 遊歩道は地元の散歩・生活通路にもなっており，時間帯によっては自転車や通行人が多い。
- 保護区の干満は東京湾（東京）から 2 時間ほど遅れるので注意。
- 職員が常駐しているので，何かあれば野鳥病院か管理事務所へ声をかけてみよう。

探鳥地情報

【アクセス】

- 車：国道 357 号線千鳥町交差点より約 5 分，首都高速湾岸線・西からは「千鳥 IC」より約 10 分，東からは「湾岸市川 IC」より約 10 分，京葉道路「市川 IC」より約 15 分（カーナビなどには「（市川）野鳥の楽園」と登録されていることが多い）
- 電車・バス：東京メトロ東西線「南行徳駅」より「ハイタウン塩浜」「新浦安駅」行き，または JR 京葉線「新浦安駅」より「南行徳駅」「江戸川スポーツランド」「行徳駅」「本八幡駅」行きで「行徳高校」下車徒歩約 10 分（地図上は JR 京葉線「市川塩浜駅」が最も近いが，湾岸道路側に入口はなく，徒歩 40 分以上かかるためおすすめしない）

【施設・設備】

- 開館時間：9：00 ～ 17：00（野鳥病院），9：30 ～ 16：00（緑の国），観察舎は無期限休館中で立入不可
- 休館日：平日，年末年始（緑の国），遊歩道は終日通行可能
- 駐車場：あり（約 20 台，無料）
- トイレ：野鳥病院前（仮設）と管理事務所にある
- バリアフリー設備：なし。授乳・おむつ替えは管理事務所内で可能。
- 食事処：なし。観察舎前に飲料自販機がある

【After Birdwatching】

付近には特に観光施設なし。周辺には谷津干潟，ふなばし三番瀬海浜公園，葛西臨海公園など探鳥地が多い。

てがぬまとてがのおかこうえん

手賀沼と手賀の丘公園

我孫子市，柏市 MAPCODE® 018 079 842*23

1	2	3	4	5	6	7	8	9	10	11	12

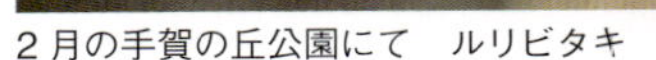
2月の手賀の丘公園にて　ルリビタキ

手賀沼は戦後の大規模な干拓事業を経て湖面を縮小し現在の形となっており，手賀大橋の西側を上沼，東側を下沼と呼ぶ。周辺には里山，水田が広がり，多種の野鳥が見られるが，カモ類や小鳥が多い冬季が探鳥によい。

まず上沼では，手賀沼西端の大堀川付近から大津川河口付近までがおすすめコースだ。湖面にはオカヨシガモ，マガモ，オナガガモ等のカモ類が見られ，杭の上にミサゴ，送電線鉄塔にはハヤブサが見られることがある。緑道沿いに広がるアシ原ではオオジュリンやベニマシコ，水際ではダイサギ，ゴイサギ，木々の間にシロハラやアリスイを探そう。

下沼では，手賀大橋に近いハスの群生地で多くのカモ類，時にコハクチョウが見られる。緑道脇のアシ原ではオオジュリン，アオジ，ベニマシコ，近くの水田ではタシギ，タゲリを探してみよう。上空にはオオタカ，チュウヒ，ノスリ等の猛禽類が現れる。手賀大橋の北側には緑道が整備され，鳥の博物館から東側の湖畔ではクイナ，コイカル，アリスイが現れることもあり，湖面が近く楽しいコースだ。

手賀の丘公園は，池やその周辺でカワセミ，ルリビタキ，クロジが，奥の桜林に続く林ではカラ類に加え，カケス，シロハラ，ルリビタキ，シメなどが見られ，ウソ，ミヤマホオジロも現れることがある。春，秋にはツツドリ，サンコウチョウ，エゾビタキなどの通過個体も観察されている。公園の西裏手から坂を下りて，水田でタシギ，タヒバリ，カシラダカ，ホオアカを探しながら湖畔に向かうコースもおすすめだ。　〔橋本了次〕

探鳥環境

鳥の博物館。裏手に山階鳥類研究所

手賀沼フィッシングセンターと手賀曙橋

手賀沼は周囲長38kmと長い。南側（柏市側）には堤防状の広い緑道があり，湖面を見やすい。北側（我孫子市側）には狭いが自然豊かな遊歩道があり，アシ原が途切れる所では湖面が近く，野鳥を間近に見られる。鳥の博物館も近くにある。北柏駅に近い北柏ふるさと公園には木道が整備されている。東端の手賀あけぼの橋の東に手賀川が続いている。

鳥情報

季節の鳥／

（春・秋）チュウサギ，ホトトギス，ムナグロ，コチドリ，ノビタキ，キビタキ
（夏）ヨシゴイ，コアジサシ，サシバ
（冬）カモ類，カイツブリ類，クイナ，タゲリ，オオバン，ミサゴ，オオタカ，ノスリ，アカゲラ，カラ類，ミヤマガラス，シロハラ，ルリビタキ

撮影ガイド／

湖面のカモ類の撮影は順光となる柏市側（南側）からがよいが，湖面とは距離があるので500mm以上の望遠レンズが必須。東端の手賀曙橋付近では水鳥が比較的近くに見え，ユリカモメ，コアジサシ，猛禽類が近くを飛翔することがある。

問い合わせ先／

手賀の丘公園：柏市都市部公園管理課
Tel: 04-7167-1309

メモ・注意点／

- 手賀の丘公園は，行楽シーズンにはバーベキューや花見客が多く，夏休み期間にはレジャー客が多くいるので探鳥には不向きな場合がある。
- 我孫子市鳥の博物館主催の手賀沼の自然観察会（てがたん）が毎月第2土曜に行われている。
- 日本野鳥の会千葉県主催の手賀沼探鳥会は，10月～4月の第1日曜に開催（Tel: 047-431-3511）

探鳥地情報

【アクセス】

手賀沼

- 電車・バス：北柏ふるさと公園へはJR常磐線「北柏駅」より徒歩約15分，手賀沼公園へは「我孫子駅」より徒歩約10分，鳥の博物館へは「我孫子駅」から阪東バスにて「市役所前」下車，徒歩約3分

手賀の丘公園

- 車：常磐自動車道「柏IC」より約30分
- 電車・バス：JR常磐線「柏駅」から東武バスにて「手賀の丘公園」行き終点下車徒歩約3分，または「布瀬」行きにて「手賀農協前」下車，徒歩約5分

【施設・設備】

- 手賀の丘公園内にはキャンプ施設あり。Tel: 04-7193-0010
- 駐車場：あり。手賀沼公園（50台，最初の1時間無料），手賀の丘公園（約200台，無料），鳥の博物館など
- トイレ：あり
- 食事処：市役所から我孫子駅までの通りには，老舗うなぎ店のほか多くの飲食店がある

【After Birdwatching】

- 我孫子市鳥の博物館　Tel: 04-7185-2212
- 道の駅しょうなん　Tel: 04-7190-1131
- 手賀沼フィッシングセンター　Tel: 04-7185-2424
- ジャパンバードフェスティバルが，毎年11月初旬に我孫子市の手賀沼湖畔で開催される。

えどがわとふれあいまつどがわ

江戸川とふれあい松戸川

松戸市　MAPCODE® 6 693 702*17

1 2 3 4 5 6 7 8 9 10 11 12

冬の人気者ベニマシコ

江戸川は江戸時代に始まる大河川事業によって作られた人工の川で，流れが穏やかで広い河川敷は多様な形で利用されている。戦後，都市化による水質悪化で，坂川河川水を浄化して江戸川の下流にバイパスするべく，江戸川河川敷に建設された流水保全水路がふれあい松戸川だ。自然豊かな環境で野鳥も多く見られるが，探鳥は冬が適している。

「松戸駅」から松戸神社に抜け，坂川沿いを歩くと，冬は川面にオオバン，カルガモ，ヒドリガモ，カワセミが見られる。堤防下の道路を横断して堤防上の緑道に出ると，手前に松戸川，その向こうに江戸川が見え，冬季は川面にカモ類，カイツブリ類，オオバンが見られる。オオタカ等の猛禽類やカモメ類が現れることもあるので，上空にも注意しよう。

次に堤防を降り，源内橋を渡って松戸川と江戸川の間にある自然道を歩くと，ベニマシコのフィッ，フィッと鳴く声が聞こえてくる。シジュウカラ，アオジ，ホオジロ，ウグイスの声も聞こえ，松戸川の水面にはヒドリガモやオオバンが見え隠れする。秋には移動中のヒタキ類やカッコウに会えることもある。

松戸川の北端（始点）の先には，ヒバリやタヒバリがせわしなく採食している開けた花畑がある。5月にはヒバリのさえずり飛翔の下，美しいポピーの花畑が見られる。秋にはコスモスが咲く中，周辺の草枝にホオジロやホオアカを探してみよう。

花畑の北には上葛飾橋があり，橋下からは江戸川の砂州と対岸が見渡せ，コチドリ等のシギ・チドリ類が見られる。運がよければ岸辺の木や杭にとまるコミミズクに会えることもある。

〔橋本了次〕

探鳥環境

ポピー花畑のヒバリ

江戸川左岸の河川敷内にふれあい松戸川があり，江戸川との間の自然道が樋野口水門まで続いている。その先，江戸川との間の道は細く，途切れ途切れで立入禁止となっているので注意。ふれあい松戸川の北端（松戸川の始点）から上葛飾橋の間には広い花畑が広がっている。この辺りの江戸川には砂洲があり，探鳥ポイントの一つだ。

鳥情報

季節の鳥／

（春・秋）カッコウ，イカルチドリ，コチドリ
（夏）コアジサシ，セッカ，オオヨシキリ
（冬）カモ類，カイツブリ類，オオバン，ミサゴ，オオタカ，カワセミ，カラ類，タヒバリ，ベニマシコ，ウソ，シメ，ホオジロ

撮影ガイド／

下流から上流へと松戸川に沿って歩くと，順光側から探鳥・撮影ができる。離れたアシや枝の向こうに野鳥が現れるので，500mm 以上の望遠レンズで警戒されないように撮影するのがよい。春のポピー，秋のコスモスの花畑を背景に野鳥を撮るのもおすすめ。

問い合わせ先／

日本野鳥の会千葉県主催の「江戸川探鳥会」が奇数月第 3 土曜に開催されている。
Tel: 047-431-3511（土曜 15：00～18：00）
http://www.chibawbsj.com/

メモ・注意点／

- 大雨の後は松戸川の水位が上がり，源内橋等の橋が使用できないことがある。その場合は上流の樋野口水門側から自然道に入ることが可能。
- 河川敷で種々の催しが行われると人出が多く，探鳥が難しくなることがあるので注意。

探鳥地情報

【アクセス】

- 車：河川敷でイベントがない時は，河川敷に出る道が閉じているので注意
- 電車・バス：江戸川土手には JR「松戸駅」西口より徒歩約 15 分

【施設・設備】

- 松戸駅周辺には多くの飲食店，コンビニがある
- トイレ：松戸神社境内，土手上に 2 か所あり

【After Birdwatching】

- 戸定（とじょう）歴史館：徳川昭武の遺品・徳川家伝来品が展示されている。徳川家の屋敷・庭園が隣接。入館料：一般 250 円，休館日：月曜（祝日の場合は翌日），年末年始　Tel: 047-362-2050

ふれあい松戸川と小向橋

千葉県

ふなばしさんばんぜかいひんこうえん

ふなばし三番瀬海浜公園

船橋市　MAPCODE® 6 311 377*76

1 2 3 4 5 6 7 8 9 10 11 12

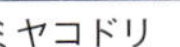

ミヤコドリ

ふなばし三番瀬海浜公園はもともと三番瀬の水面の一部であったが，埋め立てにより砂浜が造成され，多くのシギ・チドリ類が飛来する干潟として貴重な場所となっている。特に，渡り途中の多種のシギ・チドリ類が採食のために立ち寄る春と秋はにぎやかだ。

３月に入るとまず，メダイチドリが渡ってきて，４～５月にはオオソリハシシギ，キョウジョシギなども姿を見せ，越冬していたハマシギ，ミユビシギ，ダイゼン，ミヤコドリなども忙しく干潟で採食する。

８月になると再びシギ・チドリ類が繁殖地から戻ってくるが，10月後半まで干潟を利用している。この時期はアジサシ類の季節で，数千羽が潮の引いた干潟に集結するのは見ものである。

冬には数は減ったが大きなスズガモの群れが見られ，その中に混じるホオジロガモやビロードキンクロ探しも楽しみ。またセグロカモメなどのカモメの群れも常連である。ミヤコドリは越冬期には400羽を超えており，シギ・チドリ類と並んで採食している。アシ原にはオオジュリンもよく姿を現す。

また，干潟のシギ・チドリ類を狙うハヤブサが姿を見せ，杭の上で獲物を食べるミサゴもよく見られる。

満潮時には堤防上でシギ・チドリ類，カモメ，サギなどが集団を作って潮の引くのを待っている。干潟での観察は，事前に潮汐（ちょうせき）表を見て干潮から潮が引く時刻に訪れれば，近づいてくる鳥を見ることができるだろう。

〔畑中浩一〕

探鳥環境

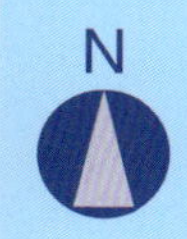

バス停と駐車場の間の通路を抜けると砂浜と干潟が広がる。干潟の両側には南へ伸びる堤防があり，東西に伸びる堤防の外側は大潮時以外は干出しないが，干出時にはシギ・チドリ類，カモメ，アジサシ類の群れが下りる。また，東側の堤防上は満潮時には数千の野鳥が休息する。展望台から全体の状況を確認したのちに探鳥を開始するのがよい。

鳥情報

季節の鳥／

（春・秋）ミヤコドリ，ハマシギ，ミユビシギ，トウネン，オオソリハシシギ，キョウジョシギ，オバシギ，ダイゼン，メダイチドリ
（夏）アジサシ，コアジサシ，サギ類
（冬）ミヤコドリ，ハマシギ，ミユビシギ，ダイゼン，スズガモ，ホオジロガモ，ウミアイサ，カモメ類，ミサゴ，ハヤブサ

撮影ガイド／

干潟での撮影は，鳥との距離が大きいので 500mm 相当のレンズがほしい。鳥を追い回すのではなく，上げ潮になって近づいてくる鳥を予測して待つのがベスト。

問い合わせ先／

ふなばし三番瀬海浜公園
Tel: 047-435-0828
http://www.park-funabashi.or.jp/bay/index.htm

メモ・注意点／

- 4～6 月は大潮時期に潮干狩りが開催され，数千人の人が集まり，道路・駐車場は混雑する。
- 日本野鳥の会千葉県の探鳥会が毎月第 3 日曜 9：00 ～行われている。

探鳥地情報

【アクセス】

- 車：京葉道路「原木 IC」，または首都高速「千鳥 IC」から約 15 分
- 電車・バス：JR「船橋駅」南口から京成バス「船橋海浜公園」行きに乗車，終点下車。または JR「二俣新町駅」から徒歩 5 分の「二俣新道」バス停から「船橋海浜公園」行きに乗車，終点下車

【施設・設備】

環境学習館
- 開館時間：9：00 ～ 17：00
- 休館日：月曜（祝日の場合は翌平日，干潟へは立入り可）
- 入場料：一般 400 円（干潟は無料）
- 駐車場：あり（500 円）
- トイレ：あり　バリアフリー設備：あり
- 食事処：喫茶・軽食施設あり。近隣にコンビニあり

トウネン

やつひがた

谷津干潟

習志野市　 6 316 570*16

1 2 3 4 5 6 7 8 9 10 11 12

セイタカシギ

千葉県

谷津干潟は東京湾最奥部に残された干潟で，1993年にラムサール条約登録湿地に指定され，シギ・チドリ類の渡りの中継地やカモの越冬地として利用されている。本来は海浜干潟であったが，東京湾の埋め立てが進むとともに谷津干潟周辺も埋め立てられ，住宅地・工業団地となったが，奇跡的に谷津干潟だけが残った。

谷津干潟では，四季を通じて野鳥観察を楽しめる。セイタカシギは繁殖期を除いて干潟に姿を現し，シギ・チドリ類は三番瀬との間を行き来している。春は越冬したハマシギやダイゼンが繁殖羽に変化するのを確認できるほか，渡ってきたメダイチドリやオオソリハシシギなどが赤い繁殖羽を見せながら採食している。これらの鳥のほとんどは，5月中旬に繁殖地へ旅立つ。

夏が近づくとオオヨシキリがアシ原で繁殖し，繁殖を終えた多くのサギがやってくる。

8月から10月ごろまでは，南の越冬地へ渡るシギ・チドリ類が羽を休めている時期で，少数ながらほかのフライウェイ（渡りルート）からの迷鳥も姿を見せる。

秋になれば淡水ガモが渡ってきて越冬するが，年が明けるとさまざまな求愛ディスプレイを見せてくれる。

深刻な環境問題から野鳥生息条件の悪化をもたらしていた干潟は，環境省の行っている干潟修復工事（アオサ除去，干潟の貝殻除去，干潟かさ上げなど）によって改善されており，ハマシギの大きな群れが再び飛来するようになり，スズガモなどの海ガモも増えている。

〔畑中浩一〕

探鳥環境

東側（津田沼高校側）の水深が浅く，西側が深い干潟なので，東から西へとシギ・チドリ類，サギ類，カモ類と採食場所が分かれている。干潟の周囲は歩行者用通路となっているので，季節により観察場所を変えるのがよいだろう。北側の森や観察センターの芝生広場付近では陸の小鳥類も楽しめる。

鳥情報

季節の鳥／
（春・秋）ハマシギ，トウネン，キョウジョシギ，オオソリハシシギ，オバシギ，ダイゼン，メダイチドリ，セイタカシギ
（夏）サギ類，オオヨシキリ
（冬）ハマシギ，ダイゼン，セイタカシギ，オオジュリン，オオタカ，ノスリ
（通年）シジュウカラ，エナガ，メジロ，オナガ

撮影ガイド／
三脚と 300 ～ 500mm の望遠レンズが必要。

問い合わせ先／
谷津干潟自然観察センター
Tel: 047 - 454 - 8416
レンジャーが常駐し，野鳥情報を入手可能
http://www.seibu-la.co.jp/yatsuhigata/

メモ・注意点／
- 撮影に当たっては通行を妨げない，場所を独占しないなどの配慮が必要。国指定鳥獣保護区であり，干潟内への立ち入り，生き物の採取は禁止されている。
- 日本野鳥の会千葉県主催の探鳥会が，毎月第 4 日曜 10：00 ～行われている。

探鳥地情報

【アクセス】
■車：国道 357 号線下り線から駐車場に入れる（無料）
■電車・バス：JR「津田沼駅」南口から，京成バス「新習志野駅」行き乗車，「津田沼高校前」下車，徒歩 5 分。JR「津田沼駅」南口から，京成バス「谷津干潟行き」乗車，終点下車，徒歩 5 分。JR「南船橋駅」から徒歩 20 分

【施設・設備】
谷津干潟自然観察センター
■開館時間：9：00 ～ 17：00
■休館日：月曜（祝日の場合は翌平日，年末年始）
■駐車場：あり（無料）
■入場料：大人 370 円，65 歳以上 180 円，中学生以下無料
■トイレ：あり
■バリアフリー設備：あり
■食事処：センター内に軽食喫茶あり

【After Birdwatching】
- 谷津バラ園で季節のバラを楽しんだ後，近くの商店街で飲食して，京成「谷津駅」から帰ることもできる。

はなみがわ

花見川

千葉市花見川区　MAPCODE® 6 356 444*41

1 2 3 4 5 6 7 8 9 10 11 12

花島公園の桜に止まるカワセミ

このエリアの起点となる花島公園は，千葉市の公園として若干整備されすぎているが，自然観察に適している。探鳥には冬鳥の多い時期のほうが適しており，カラ類の混群やシメ，ジョウビタキ，ツグミ，シロハラ，アオジ，ハクセキレイ，セグロセキレイ，キセキレイなどが見られ，公園内の池ではカルガモ，コガモ，マガモにカワセミも近くで観察できることがある。

その近くの花島観音周辺は，春には桜でにぎやかだ。花島橋の歩道橋からカイツブリ，バン，オオバン，カワウ，サギ類を探す。4月にはツバメ，6月にはホトトギスが見られる。

橋を渡り左岸のサイクリング道路上流に向かうと，斜面林が豊かに残り，小鳥類を多く楽しめる。オオタカの仲間は一年を通して見られ，冬はノスリなども飛ぶ。柏井橋上流の崖は，かつて乾いた草地で「ホオジロの丘」と呼ばれるが，今はホオジロには会えない。サイクリング道路から右に細い道を上がると横戸緑地があり，その中を南へ歩くと冬はアオジ，シロハラ，シメ，ジョウビタキ，キジバト，カラ類混群に会える。時にはアカゲラも木をたたき，春にはアオバトの記録もある。南側にトイレがあるので休憩するとよい。ここから南方向に戻るルートとなる。

柏井橋を渡り，右岸を柏井市民の森を経て花見川団地や花島公園へ。柏井市民の森へ入るのはわかりづらいので，団地側の開けた通りからとし，森の北側林縁ではカシラダカを探そう。

別のコースとして，横戸緑地へ上がらず，サイクリング道路を北へ弁天橋まで行き，右折して国道16号線まで歩き，京成バスで「勝田台駅」へ出るか，弁天橋を通過して，元池弁天宮の先で右側支流の勝田川を歩いて16号線に出ることもできる。

〔本田行男〕

探鳥環境

弁天橋

花島公園内の小川に沿って，花島観音裏から花見川へ。カワセミや上空の猛禽類を意識して進む。花島橋の歩道橋を渡り左岸のサイクリング道路を北へ。柏井橋を過ぎ金網フェンス付近で細道を上がると横戸緑地。弁天橋方面から京成勝田台駅へ出ることも可。

鳥情報

季節の鳥／

（春・秋）キビタキ，ホトトギス，コムクドリ
（冬）コガモ，ツグミ，シロハラ，アカハラ，シメ，アトリ，アカゲラ，オオタカ
（通年）カルガモ，メジロ，シジュウカラ，ヤマガラ，エナガ，コゲラ，カワセミ，ウグイス，カワラヒワ

撮影ガイド／

公園の池でカモ類を撮影するには 100～400mm ズームレンズや望遠コンパクトカメラでよい。15cm 前後の小鳥はもう少し長いレンズで撮るほうが満足するかも。実際に撮影している人の多くは 300～500mm の望遠レンズを使用しているようだ。公園内では散策する人が多いので，道をふさいだり迷惑にならないように注意しよう。

問い合わせ先／

花島公園センター内　花島コミュニティセンター
千葉市花見川区花島町 308　Tel: 043-286-8822

メモ・注意点／

- 日本野鳥の会千葉県が毎月第 2 日曜に定例探鳥会を開いている。自由参加。「花見川団地中央公園」バス停 10：00 集合，雨天中止，参加費 200 円，持ち物は弁当，双眼鏡，筆記具，ハイキングシューズなど。日本野鳥の会千葉県　Tel: 0474-431-3511（土曜 15：00～18：00）　http://www.chibawbsj.com/

探鳥地情報

【アクセス】

- 車：東関東自動車道「北千葉 IC」から柏方面へ降りてすぐに左折，約 5 分で花島橋を渡る
- 電車・バス：京成電鉄「八千代台駅」から，京成バス「循環線」に乗車。「花見川団地中央公園」で下車。JR「幕張駅」北口と公園間のバスもある

【施設・設備】

- 駐車場：あり（230 台，8：30～19：30，有料 200 円～）
- トイレ：あり
- 食事処：近くにコンビニエンスストアあり

花島公園谷津池のカルガモ

さかたがいけそうごうこうえん・ぼうそうのむら

坂田ヶ池総合公園・房総のむら

成田市，印旛郡栄町

MAPCODE® 137 813 387*03

1 2 3 4 5 6 7 8 9 10 11 12

風土記の丘のキビタキ

坂田ヶ池総合公園（面積 17.2ha）は，成田市の北西に位置し，JR 成田線「下総松崎駅」から北へ約 1km。約 5ha の水面を取り囲み，北側に隣接する房総のむらと一体となる。豊かな自然と水に親しめる市民の憩いの場として整備された総合公園だ。駅からは案内に従い，田んぼを観察しながら坂田ヶ池の駐車場へ向かう。自家用車の場合も駐車場からスタートしたい。左側の道を行くと事務所やキャンプ場がある。ここで休憩をしてから池を一周する。カワセミ，カルガモ，マガモ，コガモ，ハシビロガモなどにオシドリ，ミコアイサなど。雑木林にはカラ類，ルリビタキ，ジョウビタキ，ツグミの仲間などの小鳥を探そう。池の北側の斜面にある小道を上がれば，房総のむら風土記の丘である。

千葉県立房総のむら風土記の丘は，6～7世紀の龍角寺古墳群で 110 基以上の古墳が所在し，風土記の丘として整備されている。資料館には県内各地から出土した考古資料を収蔵，展示している。岩屋古墳にも寄りたい。風土記の丘のルートは案内板を参考に，野鳥を探しながら風土記の丘資料館へ向かう。秋にはミズキやコブシの木でキビタキ，オオルリ，エゾビタキなどが観察できる。時間があれば，有料の房総のむらも探鳥したい。山野草やキノコ類も豊かなので楽しもう。

〔本田行男〕

探鳥環境

房総のむら

電車では，成田線の下総松崎駅から田んぼの鳥を観察しながら，約 1km で坂田ヶ池へ。各所に案内があるので迷うことはない。車では，県道 18 号（成田安食駅行きバイパス）から市道で坂田ヶ池の駐車場か，房総のむらの駐車場へ。いずれも無料。池を一周して，水鳥と林内の野鳥を観察する。池の北側斜面を上がると房総のむら風土記の丘で，風土記の丘資料館を目指す。

鳥情報

季節の鳥／

（春・秋）キビタキ，オオルリ，センダイムシクイ，エゾビタキ，ホトトギス
（冬）アトリ，アカゲラ，ルリビタキ，キクイタダキ，マヒワ，ビンズイ，シロハラ，トラツグミ
（通年）ヤマガラ，エナガ，コゲラ，カワセミ，カワラヒワ

撮影ガイド／

公園内を歩いて撮影するには 100 ～ 400mm ズームや望遠コンパクトカメラでよい。あまり歩かずに野鳥を撮るには 300 ～ 600mm の望遠レンズに三脚を使いたい。天気と光の方向を考えて時間も選びたい。公園内は散策する人が多いので，道をふさぐなど迷惑にならないように心がけてほしい。

問い合わせ先／

坂田ヶ池総合公園
成田市都市部公園緑地課　Tel: 0476-20-1562
NPO 法人成田坂田ヶ池の友　Tel: 0476-29-1161
房総のむら　Tel: 0476-95-3333

冬に房総のむらの針葉樹へ来るキクイタダキ

探鳥地情報

【アクセス】

■車：東関東自動車道「成田 IC」から国道 295 号，国道 408 号，県道 18 号（成田安食バイパス）を経て坂田ヶ池駐車場まで約 15 分
■電車・バス：坂田ヶ池は，JR 成田線「下総松崎」駅から徒歩約 20 分（隣が房総のむら）。
房総のむらは，JR 成田線「安食（あじき）駅」から「竜角寺台車庫」行きバスで約 10 分，「房総のむら」下車。または JR 成田線「成田駅」西口から「竜角寺台車庫」行きバスで約 20 分，「竜角寺台 2 丁目」下車徒歩約 10 分

【施設・設備】

坂田ヶ池総合公園
■駐車場：あり（無料，9：00 ～ 19：00）
房総のむら
■開館時間：9：00 ～ 16：30
■休館日：月曜
■入館料：体験博物館は有料（大人 300 円，高・大学生 150 円）。風土記の丘エリアは無料
■駐車場：あり（無料，9：00 ～ 16：30）
■トイレ：あり
■バリアフリー設備：あり（身障者用トイレ，授乳室）
■食事処：農家レストラン（ゆめテラス）　10：00 ～ 17：00，売店（竜の市庭）

にしいんばぬま

西印旛沼

佐倉市，印西市　MAPCODE® 27 849 411*43

1 2 3 4 5 6 7 8 9 10 11 12

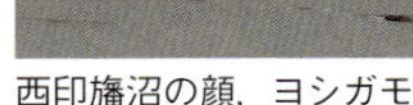

西印旛沼の顔，ヨシガモ

千葉県内最大の湖沼。西印旛沼の湖水面積は 5.29km²，水深は平均 1.7m。現在は上水道，工業用水，農業用水の貴重な水源となっている。沼は周辺の河川や流域から直接，間接的に流入し，沼を取り巻く流域に多く残る里山景観が沼周囲の自然の豊かさを表している。

一方, 沼の周囲にサイクリング道路, チューリップ広場やオートキャンプ場，県立印旛沼公園などの施設ができ，またルアー釣りのメッカとして多くの釣り人が訪れる。

沼は，このように沼と人が親しむ憩いの場所として人気となっている。また沼周辺は住宅地開発が行われており，かつてのような自然景観は少なくなくなってきている。しかし，沼とそれを取り巻く自然は，太平洋側の渡り鳥のフライトゾーンになっている。特に水鳥たちの越冬地，または中継地として，立ち寄るマガモやヨシガモなどのカモ類やカンムリカイツブリが多く，アシ原にはチュウヒやアオサギ，ツバメのねぐらなどが観察できる。沼の流域周辺の里山景観を残す山林や田畑では，スズメ目の多くの小鳥たちや，少数だがフクロウやオオタカ，サシバなども観察できる。

沼は夏季，日陰がなく，冬季には強い北風にさらされるので，観察には防暑や防寒の対策が重要である。また沼では，護岸対策による土塁型の堤防の上から観察できるが，鳥たちは遠くにいることが多いので，特にフィールドスコープなどは必携である。〔浅野俊雄〕

探鳥環境

チューリップ広場のオランダ風車や鹿島川に架かる飯野竜神橋を目印に向かうとわかりやすい。沼全体は広く，歩いての観察は難しいのと沼の北側は交通の便が悪く，観察時には逆光になるので避けたほうがよい。また，沼の周囲の水路やアシ原にも注意を向け，アシ原に隠れる小鳥類を探すのもおもしろい。

鳥情報

季節の鳥／

（春・秋）ホオジロ，カワラヒワ，ウグイス，カイツブリ，カワウ，アオサギ，ダイサギ，コサギ
（夏）アジサシ類，オオヨシキリ，セッカ
（冬）マガモ，カルガモ，コガモ，カンムリカイツブリ，ハジロカイツブリ，ミコアイサ，ヨシガモ，チュウヒ，ミサゴ，オオタカ

撮影ガイド／

沼での撮影は鳥たちが遠いので，あまり向かない。飛翔する個体やアシ原や周囲の水路，周辺の樹木に注目して小鳥類を探し，撮影をするのがよいが，まずはじっくりと観察することがベスト。

問い合わせ先／

日本野鳥の会千葉県（土曜 15：00～18：00）
http://www.chibawbsj.com/

メモ・注意点／

- 付近には駐車場がない。また，サイクリング道路を歩いての観察移動となるので，自転車の通行に十分な注意が必要。
- 沼周辺の道路は，ほとんどが生活道路や農耕車両優先道路なので，車両等による観察の際には駐車に十分な配慮をしてトラブルのないよう心がけよう。

探鳥地情報

【アクセス】

■電車・バス：京成本線「京成うすい駅」北口より徒歩約 30 分

【施設・設備】

■トイレ：あり

【After Birdwatching】

- 印旛沼公園，佐倉城址公園や印旛沼サンセットヒルズ（オートキャンプ場併設），国立歴史民俗博物館，内水面水産研究所などの公共施設あり

夏季には，ナガエツルノゲイトウ（特定外来種）やオニビシが繁茂し，水面を覆うことがあり，そこに湧く昆虫や湖水の小魚を狙い，サギたちなどが群れて採食する姿を観察できることもある

千葉県

きたいんばぬま

北印旛沼

成田市，印西市，印旛郡栄町　MAPCODE® 137 721 816*35

1 2 3 4 5 6 7 8 9 10 11 12

北印旛沼の顔，トモエガモ（後ろはオナガ

印旛沼は，西印旛沼と北印旛沼に分かれ，両沼は捷水路と排水路でつながっている。西印旛沼は交通の便がよいことから，周辺部に住宅地や公園，サイクリング道など人工物が多くなり，沼の近くまで迫っているが，北印旛沼は交通の便があまりよくないことと，周囲に広大な干拓地のあることでカモ類を中心に，多くの水鳥や水辺を生活圏にもつバンやクイナ，アシ原に依存するホオジロ類やチュウヒなどが観察できる。

現在，沼の南側を成田新高速鉄道と並走する北千葉道路が建設され，一部に自然豊かな景観が寸断されている。しかし，沼と取り巻く広大な干拓地の豊かな自然は，多くの生きものを育み，野鳥の，特に水鳥の楽園の様を呈している。西印旛沼と同様に渡り鳥のフライトゾーンとして，時にレッドリストに掲載されているような希少種の鳥や多くの迷鳥が現れ，観察者を驚かせることがある。

沼は夏季にはまったく日陰がなく，冬季には筑波下ろしの強い北風にさらされるので，観察には防暑や防寒の対策が重要である。

沼での観察は，南側の土塁状の堤防の上からの観察が容易であるが，西側から北側にかけては自転車専用道路があり，通行の邪魔にならないよう観察には十分な注意が必要である。

また，沼と周辺の干拓地の一部は，希少種の鳥たちの定期的な渡来地や繁殖地となっているので，観察や特に野鳥撮影に十分な配慮が求められる。また干拓地内への車での進入は，鳥を脅かすだけでなく，農事作業者の車両等の作業妨害になる。農地や畦に踏み込まないよう，観察や撮影のマナーを十分に心がけたい。

〔浅野俊雄〕

探鳥環境

高架線の成田新高速鉄道（成田スカイアクセス線）と並走する北千葉道路の高架橋梁を目標に甚兵衛大橋南詰から沼に沿って出るとよい。観察ポイントは多くあるが，沼全体は広く，歩いての観察は難しいので甚兵衛大橋南詰から観察して歩き戻るとよい。また，沼の周囲の水路やアシ原にも注意を向け，アシ原に見え隠れするホオジロ類やオオヨシキリをなどの小鳥類を探すのもおもしろい。

鳥情報

季節の鳥／

（春・秋）ホオジロ，カワラヒワ，ウグイス，カイツブリ，カワウ，アオサギ，ダイサギ，コサギ，オオバン，バン

（夏）アジサシ類，ヨシゴイ，オオヨシキリ，セッカ

（冬）マガモ，オナガガモ，トモエガモ，カンムリカイツブリ，ハジロカイツブリ，ミコアイサ，ヨシガモ，チュウヒ，ミサゴ，オオタカ

撮影ガイド／

沼での撮影は鳥たちが遠いので，あまり向かない。アシ原や周囲の水路，周辺の樹木に注目して小鳥類を探し，じっくりと観察することがよい。

問い合わせ先／

日本野鳥の会千葉県（土曜 15：00～18：00）
http://www.chibawbsj.com/

メモ・注意点／

- 付近には駐車場がない。また，サイクリング道路を歩いての観察移動となるので，自転車の通行に十分な注意が必要。
- 沼周辺の道路は，ほとんどが生活道路や農耕車両優先道路なので，車両等による観察の際には駐車に十分な配慮をしてトラブルのないよう心がけよう。

探鳥地情報

【アクセス】

■電車・バス：京成本線「公津（こうづ）の杜駅」北口よりコミュニティバスにて，「甚兵衛渡し」下車，徒歩約 5 分（運行本数が少ないので，時間に注意）

【施設・設備】

■駐車場：あり（甚兵衛公園）

■トイレ：あり（甚兵衛公園）

【After Birdwatching】

- 宗吾霊堂，坂田ヶ池公園，房総風土記の丘などの公共施設や印西市笠神に「白鳥の郷」あり

冬季，沼にはたくさんのカモ類が越冬地として訪れにぎわうが，その多くは水面採食性のカモたちで，キンクロハジロやホシハジロなどの潜水採食性のカモたちは個体数が少ない。トモエガモは数百の個体群に目をうばわれるが，ときに群れ全体で飛翔する姿は圧巻である

千葉県

ささがわ・おみがわとねがわかせんじき

笹川・小見川利根川河川敷

香取郡東庄町，香取市　MAPCODE® 92 622 857*61

オオセッカ　(写真：志村英雄)

利根川下流部の河川敷には，豊かなアシ原が広がる。特に香取市（旧小見川町）や東庄町の河川敷には良好な湿地環境が残っている。この地で繁殖期（6～7月）に狙うメインの鳥はオオセッカとコジュリンである。両種とも極東地区の特産種で，国内でも局地的に分布する希少種のため，欧米のバーダーも来日すると必ず立寄るスポットである。

JR成田線「笹川駅」から北に向かい，約1kmで笹川閘門（こうもん）（水門）がある利根川河川敷堤防に着く。この水門付近から東西数キロの範囲で上記2種を中心とした鳥たちの密度が高いエリアで，堤防土手の上から観察するのがよい。

この地はほかに，ホオジロ，オオヨシキリ，セッカなどアシ原環境を好む鳥に混じり，ホオアカ，コヨシキリ，ヨシゴイなども観察できる。一方，冬は猛禽類の観察に適している。河川敷のアシ原上空ではチュウヒやノスリが多く，河川敷内の灌木で羽を休める姿も見られる。時にはハイイロチュウヒが混じることもある。笹川水門から2.5kmほど東にあるコジュリン公園南側の水田地帯では，タゲリやヒバリ，タヒバリも多く見られ，これらを狙うハヤブサやコチョウゲンボウが姿を現すこともある。

〔小島久佳〕

写真：志村英雄

探鳥環境

笹川小見川　全景

笹川駅からまっすぐ北上，途中国道356号を過ぎ，約1kmで黒部川にかかる笹川新橋を渡る。このすぐ先に利根川の堤防土手があり，東側に笹川閘門（水門）がある。ここから東西各4～5kmの範囲の河川敷でオオセッカやコジュリンを観察できる。ただ水門西側は小見川大橋へ抜ける道で交通量も多く，車を駐車するスペースはない。一方，水門東側2.5km付近にあるコジュリン公園付近も密度の高いエリアで，普通車なら3台程度駐車できる。

鳥情報

季節の鳥／

（夏）ウグイス，セッカ，オオセッカ，オオヨシキリ，コヨシキリ，ホオジロ，ホオアカ，コジュリン，ヨシゴイ
（冬）チュウヒ，ハイイロチュウヒ，ノスリ，ハイタカ，チョウゲンボウ，コチョウゲンボウ，ハヤブサ，タゲリ

撮影ガイド／

絶滅危惧種が繁殖している場所のため，撮影は堤防土手上から行い，アシ原内には決して立ち入らないよう留意。土手の近くでさえずっている個体もあり300mm程度のレンズで撮れる場合もあるが，最低500mm程度は準備しておいたほうがよい。

メモ・注意点／

- トイレは笹川駅以外，駅から北上して河川敷に出た後，水門東約2.5kmの距離にあるコジュリン公園（簡易トイレ）及び，さらに東2kmほど先にある利根川大橋付近の河口堰管理所まで行けば，きれいな公共トイレがある。
- 当該地南東10kmほどの距離に東庄県民の森があり，ここに隣接する夏目の堰には，冬季に1,000羽近いコハクチョウ（一部オオハクチョウも混じる）が飛来する。

探鳥地情報

【アクセス】

■車：東関東自動車道「佐原香取IC」下車，県道55号，県道44号を経て小見川大橋を渡る手前の信号を右折。河川敷土手に沿った道を東進，突き当たりの黒部川を渡る橋，笹川新橋付近が笹川閘門（水門）。「佐原香取IC」から約30分

注記：笹川閘門（水門）から東（コジュリン公園）方面に車で移動する場合，水門付近から東に進むためには，小見川大橋方向から東進し笹川新橋を渡る100mほど手前の左側に細い側道がある。この側道に入り，笹川水門の水路を渡ってS字クランクしながら（通行不可の）道路に沿い路肩を進むとコジュリン公園方向へ行ける。

■電車・バス：JR「千葉駅」よりJR成田線で約1時間半の「笹川駅」下車，利根川河川敷付近まで徒歩約20分

【施設・設備】

笹川駅から目的地までの道沿いにはコンビニ等の店はなく，また河川敷周辺にも自販機等設置がないため，弁当・飲み物等は事前に準備しておく必要がある

【After Birdwatching】

- 食事処：「割烹たべた」Tel: 0478-86-0808
笹川駅から国道356号を銚子方向に2km弱進むと小さな看板があり，左折して程近いところにある川魚料理店。天然ウナギも提供し，地元民に愛されると共に遠くからウナギ好きのグルメたちが集まる店である。

ちょうしぎょこうしゅうへん

銚子漁港周辺

銚子市　MAPCODE 214 219 287*32

1 2 3 4 5 6 7 8 9 10 11 12

ミツユビカモメ

「銚子にはカモメがゴマンといる」。地元でそう言ったのは30年以上も前の話。実際に5万羽ほどのカモメ類が見られたが，現在は，波崎新港や銚子第3市場が開業し，カモメ類の付き場が分散した。さらに，主要対象魚がイワシからサバに替わり，グローバルな環境変化の影響も加わって，個体数がかなり減っている。それでも，銚子漁港は日本一の水揚げを誇り，東アジア最大のカモメ類集結地で，世界各国のカモメフリークが集まる。

近年は，大型まきあみ船の水揚げ日には1万羽以上見られることが多いが，時化が続けば数百羽もいない。観察のポイントは，中央市場から第3市場までの漁港内と黒生地区。昔のように特定の観察場所があるわけでなく，カモメ類の付き場も個体数も，毎日大幅に変化する。その日ごとに，カモメ類がいる場所で観察することになる。「銚子駅」から全行程を歩くのが嫌な場合は，循環バスの利用が便利だが，群れを見落とすおそれがある。

銚子周辺で記録されたカモメ類20種を，右ページに列記する。下線を付した種，亜種は毎年記録がある。カナダカモメなどが出そろうのは12月末で，3月中旬には羽衣の磨耗が進み，識別が難しくなる。大形カモメ類には交雑個体が多いので，注意したい。

海鳥も見られ，冬季にはカモ類，カイツブリ類，アビ類，ハイイロウミツバメ，ウ類，サギ類，ウミスズメ類などが期待できるが，何が見られるかは天候と運次第だ。

とんび岩，海鹿島，君ヶ浜，犬吠，長崎，外川，犬若と，磯めぐりも楽しい。〔志村英雄〕

探鳥環境

N
一ノ島灯台
千人塚
銚子漁港
第3卸売市場
高速川口
銚子大橋
銚子漁港
第2卸売場
導流堤
白灯台
みろつ鼻跡
ポートタワー
ウオッセ
渡船場
中央市場
陣屋町
高速黒生
黒生
黒生漁港
銚子電気鉄道
銚子
とんび岩
0　500m

千葉県

銚子駅から利根川に。渡船場で利根川をチェック。中央（第1）市場はマグロ専用でカモメが少ない。白灯台，みろつ鼻跡，第2市場，千人塚の間では，導流堤の上や海面をチェック。千人塚の上に上がるのもいい。第3市場から，ポートタワーを右に見て黒生地区までが標準的なコース。港湾施設の工事予定があり，環境が変化するだろう。

鳥情報

季節の鳥／

（冬）ミツユビカモメ，アカアシミツユビカモメ，ゾウゲカモメ，ヒメクビワカモメ，チャガシラカモメ，ユリカモメ，ズグロカモメ，ワライカモメ，ウミネコ，カモメ，ワシカモメ，シロカモメ，アイスランドカモメ，カナダカモメ，セグロカモメ，キアシセグロカモメ，オオセグロカモメ，ニシセグロカモメ，オビハシカモメ，カリフォルニアカモメ

撮影ガイド／

堤防までは最短で55mで，遠い場所では250mほど。正確な識別写真を撮るには，一眼レフでは不十分で，三脚付きのデジスコシステムが有利。識別には望遠鏡が不可欠。飛翔型を撮るには300mm以上のズームレンズ付き一眼レフが便利。

メモ・注意点／

- 水揚げ中の岸壁はいわば「戦場」。作業車が動き回って危険であり，探鳥者は作業の妨害になる。車を進入させたり，カメラを持って歩き回ったりするなど，無作法な行為は謹んでほしい。
- 日本野鳥の会千葉県が，毎年1～2月に，カモメ探鳥会を開催している。
  日本野鳥の会千葉県　Tel: 047-431-3511
  http://www.chibawbsj.com/

探鳥地情報

【アクセス】

- 車：東関東自動車道「佐原香取IC」で降り，国道356号を利用
- 電車：「銚子駅」から徒歩。川口千人塚，ポートタワーに直行するには，千葉交通バスの「川口ポートタワー循環」を利用
- バス：高速バスを利用する場合は，「陣屋町」「高速川口」「高速黒生」などが便利

【After Birdwatching】

- 銚子電鉄はレトロな車両に乗るのが楽しみ。ポートタワーの上から港内を展望できるし，ウオッセで海産物のお土産を買える。地球の見える展望台からは，太平洋に突き出した銚子の全景が見られる。

カナダカモメ

おびつがわかこう

小櫃川河口

木更津市  49 573 414*21

1 2 3 4 5 6 7 8 9 10 11 12

ハマシギ群飛

小櫃川は房総半島東の清澄山を源流とし，木更津市の北で東京湾に注ぐ千葉県第２の河川である。右岸防潮堤の先は河口三角洲のアシ原となっており，感潮クリークが入り込む。その先に2kmも歩いて行ける広大な砂質の干潟が広がっている。おすすめは春・秋のシギ・チドリ類，冬季の猛禽類とアシ原のオオジュリンである。リップルマーク（漣痕）の美しい干潟の遠方に白く輝くアクアライン・海ほたる，空気の澄んだ冬であれば丹沢山塊，富士山，筑波山も望まれる。これらを背景に，爽快に群れ飛ぶハマシギの集団が当地最大の見ものである。干潟の鳥は潮の干満に合わせて汀線付近に移動し，左岸に広がる久津間・江川の干潟との往来もある。望遠鏡での観察となるが，足元に近づくこともある。大潮，中潮では満潮が近づくと休息地へ一挙に飛び去り，１羽も残らない。前浜広場付近で見るなら，潮高130～150cm（東京芝浦）のころがよい。小櫃川本流ではミサゴ，カモ類，カイツブリ類，淡水性シギ・チドリが，海上ではスズガモの大群が見られる。浸透実験池のカワウコロニーは20年以上継続していたが，2017年以降消滅した。この地域で記録された鳥は約230種，年間では約100種が見られる。珍しい水鳥ではズグロカモメ，ヘラサギ，オニアジサシ，チシマシギ，陸鳥ではチフチャフ，ツリスガラの記録がある。鳥のほかにも底生動物や海浜植物を観察し，この干潟の豊かな自然を満喫していただきたい。

〔田村 満〕

探鳥環境

干潟入口ゲート

ズグロカモメ

金木橋(かねきばし)から歩く観察コースは，農耕地，集落，本流の堤防，三角州アシ原を通り前浜干潟までの片道 2.5km。途中，チゴガニが群れる本流中洲（河口干潟）や淡水池（浸透実験池）に寄ることもできる。車の場合は「車のルート」を通って駐車場へ。

鳥情報

季節の鳥／

（春・秋）ハマシギ，メダイチドリ，アオアシシギ，ソリハシシギ，ホウロクシギ
（夏）オオヨシキリ，セッカ，ツバメ（集団ねぐらなし）
（冬）ハマシギ，ダイゼン，ミユビシギ，ダイシャクシギ，オカヨシガモ，スズガモ，オオジュリン，ミサゴ，チュウヒ，オオタカ，ノスリ，ハヤブサ
（通年）アオサギ，カワウ，カルガモ，ウグイス，ホオジロ，カワラヒワ

撮影ガイド／

鳥までの距離があるので 500mm 以上のレンズが望ましいが，日中は陽炎で像が乱れる。干潟入口ゲートから前浜まで 10 分は歩くので，重い装備は体力との相談となる。ハマシギの群飛など集団の撮影には 300mm 程度，背景に富士山を入れるなら 200mm 以下がよい。干潟では三脚の脚が不均等に沈むので転倒に注意が必要。

問い合わせ先／

日本野鳥の会千葉県 HP　http://www.chibawbsj.com/
盤洲干潟をまもる会 HP
https://sites.google.com/view/banzu-tidalflat/

メモ・注意点／

- 干潟を歩くには，長靴または濡れてもよい靴を準備する。水路付近は泥が深いので不用意に近づかない。日陰はまったくないので熱中症対策，北風が強いので防寒対策を十分に。カニなど底生動物や海浜植物を踏み荒らさない。

探鳥地情報

【アクセス】

■車：東京湾アクアライン「金田 IC」から干潟入口ゲートまで約 5 分

■電車・バス：JR「木更津駅」から「三井アウトレットパーク行き」バスで約 15 分の「畔戸高須(くろとたかす)入口」下車，干潟入口ゲートまで徒歩 25 分。JR「岩根駅」からタクシーで 10 分。その先，前浜まで徒歩 10 分

【施設・設備】

干潟付近に観察施設やトイレはない。干潟入口ゲート近くまで車で行けるが，農作業の邪魔にならないよう農道の片側に寄せて駐車する。金木橋下の駐車スペースも同様である

■食事処：コンビニは金木橋の木更津側にあり。食事処はアナゴ料理の「やまよ」など，三井アウトレットパーク周辺には多数あり

【After Birdwatching】

- 三井アウトレットパーク木更津，アクアライン海ほたるでショッピング。金田海岸などで潮干狩り（有料）。

美しいリップルマーク（漣痕）

だいふくざん

大福山

市原市　MAPCODE® 130 000 497*08

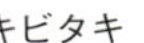

キビタキ

大福山は標高 292m，市原市南端に位置し，県立養老渓谷奥清澄自然公園内にある。豊かな自然は四季折々，多くの人に親しまれている。アプローチはいくつかあるが，東側の小湊鉄道「養老渓谷駅」より山頂直下を通る県道と，東南側の梅が瀬渓谷で知られる沢伝いの遊歩道の２つを利用するのが探鳥では一般的。前者は眺望にすぐれ，車利用で効率よく利用する場合などに便利である。

山頂は白鳥神社が祀られ，常緑樹の高木に覆われ展望は効かない。一方，梅が瀬渓谷は養老川の支流，カエデなど広葉樹が多く，谷深い割に明るい雰囲気で，オオルリ，キビタキなど夏鳥観察にはこちらが主体になる。女ヶ倉より県道と別れて入渓，最奥の日高邸跡まで沢伝い，さらに沢と別れて山頂への登りまで，途中トイレはなく逃げ道もない。以上を考慮しての探鳥コース取りとなるが，公共交通機関利用の場合，必然的に「養老渓谷駅」より徒歩となる。その場合，梅が瀬渓谷を往路に，山頂から県道を復路にするのがよい。往路約 7km，復路 5km ほどになりハイキング程度の装備は必要となる。1 日コースになるが，その分，山すその風景から始まって変化ある探鳥を楽しめる。ベストシーズンはやはり 4～5 月の夏鳥渡来時期になるが，ウソ，マヒワなどの冬鳥をはじめ，季節それぞれの味わいがある。短時間で要領よく目的の野鳥を，というよりじっくり自然を愛でての探鳥こそふさわしい場所といえる。〔田中義和〕

探鳥環境

梅が瀬へは女ヶ倉のトンネルを抜け県道を右に分け直進。しばらくは未舗装道だが，やがて沢伝いの道が最奥まで続く。日高邸分岐より山頂へは初め急登，あとはゆるい起状の林間の尾根道をたどれば県道に出る。ちょうど休憩所になっており南側の展望良好。北側を望むには県道を少し下った左上に人口展望台がある。トイレ，駐車場はそのすぐ下の県道沿いにある。

鳥情報

季節の鳥／

(春・夏)ホトトギス，ハチクマ，サシバ，サンコウチョウ，ヤブサメ，センダイムシクイ，キビタキ，オオルリ
(秋・冬)ハイタカ，ノスリ，マヒワ，ウソ
(通年)カワセミ，ヤマガラ，ウグイス，エナガ，メジロ，キセキレイ，ホオジロなど。繁殖期にアオバト，トラツグミ，のさえずりや，ヤイロチョウ，冬季にオオマシコの記録も

撮影ガイド／

梅ヶ瀬へ入る場合，重い三脚，超望遠レンズは厳しい。デジタル一眼レフに一脚か手持ちでの望遠ズームレンズがおすすめ。さらに景観，動植物用に標準レンズか，マクロレンズ1本あればより楽しめる。超望遠コンデジも便利。鳥以外の動植物も多彩で，紅葉，新緑，山里風景などもぜひ被写体に。

問い合わせ先／

沢沿いの遊歩道状況，周辺観光などは「養老渓谷駅前観光案内所」Tel: 0436-96-0055

メモ・注意点／

- ヤマビルが近年増加傾向にあり，冬以外は梅ヶ瀬コースで注意が必要。
- 11月下旬～12月上旬は紅葉見物の車，人で混雑する。強いて紅葉目的でなければこの時期を外したい。
- 今回紹介のコースは，山頂下にトイレ，駐車場があるのみで，弁当，飲料水等いっさいない。駅周辺で調達の必要あり。

探鳥地情報

【アクセス】

■車：圏央道「市原鶴舞IC」より養老渓谷駅まで約30分
■電車・バス：小湊鉄道「五井駅」より「養老渓谷駅」下車にて徒歩。バスはない

【施設・設備】

■駐車場：養老渓谷駅(約40台，500円／日)
山頂下県道そば(約20台，無料)

【After Birdwatching】

- 足湯：駅構内(140円，小湊線利用・駅駐車利用者は無料)
- 食事・みやげ：駅周辺に数軒あり
- 日高邸跡：梅ヶ瀬渓谷最奥にあり
- 大福山白鳥神社：山頂一帯が境内で自然林

その他，養老川本流　粟又の滝，渓谷遊歩道など。
問い合わせは左記「養老渓谷駅前観光案内所」

全景

ふっつみさき

富津岬

富津市　MAPCODE® 306 829 172*37

1 2 3 4 5 6 7 8 9 10 11 12

カタクチイワシを追うオオミズナギドリ

富津岬は東京湾に西方向へ突き出した岬で，小糸川に運ばれた土砂からなる砂洲で構成される。その先端には松を模した巨大な展望台があり，東京湾観音，人工島の第一海堡，対岸の三浦半島や羽田空港，天気がよければ富士山までぐるりと見渡すことができる。ここでおもしろいのはズバリ秋のタカの渡りである。展望台から見られるタカはサシバ，ハチクマが主なもので，そこに少数のノスリ，ハイタカ類，ハヤブサ類が混じる。観察に適している時期は 9 月末から 10 月初旬。有志の観察グループによると朝 9 時から 11 時までがよく出現するそうで，北風が吹く日には飛ぶが，向かい風の南風の日には晴れてもまったく飛ばないという。シーズンを通しての総数は 200～300 羽で，「サシバデー」でも 100 羽前後，しかも高度が非常に高いことが多い。ここでは大当たりを期待するよりは，海へ飛び出していくサシバたちをじっくり見て，タカの渡りの風情を味わうのがよいだろう。

また，ヒヨドリがピーク時には毎朝 1,000 羽以上現れ，沖へ飛び出す群れにハヤブサがアタックするところが見られることも。ミサゴやオオミズナギドリの群れが目の前で見られるのも，海に突き出した岬ならでは。タカの渡りが終盤に差し掛かると，カモ類や冬鳥たちが渡りはじめる。公園内の松林で休む鳥たちや，漁港のカモメ類も忘れずチェックしたい。真冬に訪れれば沖合にはスズガモの群れが，浜辺にはミユビシギや大形カモメの仲間がひと通り見られるだろう。〔加藤恵美子〕

探鳥環境

岬先端の展望台で付け根方向から飛んでくるタカ類とヒヨドリの群れを観察する。頭上にはアマツバメ，海上にはオオミズナギドリ，岸にはシギ類などが。クロマツ林の中には夏鳥・留鳥・冬鳥が入り混じっている。漁港には大形カモメが多く，沖の海苔ひびの杭にはミサゴが止まる。沖合へと大群で移動するカワウも見ごたえがある。

鳥情報

季節の鳥／

（秋）オオミズナギドリ，ミサゴ，ハチクマ，サシバ，ハヤブサ，ヒヨドリ
（冬）カワウ，スズガモ，ミサゴ，ミユビシギ，カモメ類，カラ類

撮影ガイド／

タカは非常に上空高く飛ぶことが多いので，撮影には600mm 以上が必要。飛んでくる小鳥類を狙うなら300mm で。展望台の上段は観光客が多く，揺れるので不向き。海辺で紫外線が非常に強いので帽子を忘れずに。海の靄や工業地帯の空気の汚れが気になるため，空気がクリアになる雨の後や，気温が低く風の強い日がおすすめ。椅子があると便利。

問い合わせ先／

富津公園管理事務所　Tel: 0439-87-8887

メモ・注意点／

- 日本野鳥の会千葉県の観察会が 9 月末～10 月初旬の土曜に行われる。シーズン中は「房総タカ渡り観察隊」が観察データと日報を公開している。
  http://www.gix.or.jp/~norik/hawknet/hawknet0.html

探鳥地情報

【アクセス】

- 車：館山自動車道「木更津南 IC」より国道 16 号経由で約 30 分（平日は通勤渋滞あり）
- 電車・バス：JR 内房線「青堀駅」下車，日東交通バス「富津公園前」まで約 15 分，岬先端まで徒歩約 20 分

【施設・設備】

- 駐車場：あり（無料）
- トイレ：あり
- バリアフリー設備：あり（身障者用トイレ）
- 食事処：漁港と公園入口には海鮮食堂が並び，アナゴや貝料理が人気

【After Birdwatching】

- 東京湾観音
- 富津アクアファーム：いちご狩り（冬～春）

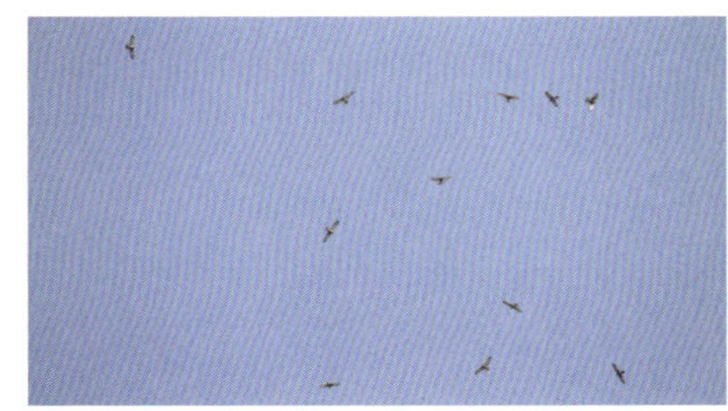

展望台の真上で旋回上昇するサシバの群れ

しらはま

白浜

南房総市　MAPCODE® 756 254 318*60

1 2 3 4 5 6 7 8 9 10 11 12

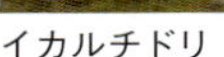

イカルチドリ

長尾橋でバスを下りると，まず上流の「めがね橋」が目を引く。明治 21 年に完成した石造三連アーチ橋は周辺が親水公園として整備され，イソシギやセキレイ類が岸辺を歩いている。

長尾橋から遊歩道沿いに下流に向かう。長尾川は自然のままの川床が残されており，夏にはアユの姿も見ることができる。冬の川筋にはコガモやイカルチドリが群れ，時にはカワセミの飛ぶ姿も見られる。ここの野鳥は概して警戒心が薄く，双眼鏡で充分観察できる点が大きな魅力となっている。

海岸に出ると，水平線には冠雪した三原山を先頭に伊豆七島が並び，砂浜にはカモメ類，やクロサギが，海上にはウミアイサが浮かんでいる。ウミウの糞で白く染まった岩礁には群れに混じってヒメウの姿が見られる。またミサゴが潮風に逆らって悠然と飛んでいる。

野島崎灯台の周辺では真冬でもアロエの花が咲き，吸蜜するメジロは花粉で顔をまっ黄色にして愛嬌を振りまいている。また周辺の岩礁では，春になるとチュウシャクシギやチドリ類がよく見られる。

海岸線を離れると，露地栽培の花畑が点在しているが，近年は食用花としてのナバナやキンセンカの栽培が増えている。ナバナの新芽をついばむヒヨドリ，畑に残された収穫屑の山にはタヒバリが群がり，上空ではノスリが青空にのんびりと弧を描いている。

〔山形達哉〕

探鳥環境

野島崎灯台を往復するコースは，行きは海岸沿い，帰りは山沿いを歩くと異なった環境を観察できる。時間に余裕があれば周辺の城山遊歩道，下立松原神社を加えるのもよい。

鳥情報

季節の鳥／

(春・秋)チュウシャクシギ，キョウジョシギ，メダイチドリ，ダイゼン

(冬)コガモ，ウミアイサ，イカルチドリ，アカハラ，シロハラ，ノスリ，カンムリカイツブリ

(通年)クロサギ，カワセミ，ミサゴ

撮影ガイド／

海岸の鳥は距離が離れているので，500mm クラスの望遠レンズと風対策で三脚が必須。風のあるときは波しぶきが飛ぶため，カバーがあると安心。

メモ・注意点／

- 海岸沿いは歩道が狭いため，三脚を立てるときは歩行者に注意。

野島崎

探鳥地情報

【アクセス】

- 車：富津館山道「富浦 IC」から約 45 分
- 電車・バス：JR 内房線「館山駅」東口から JR バス白浜方面行き「長尾橋」バス停下車

【施設・設備】

- 駐車場：長尾川河口，野島崎灯台入口に無料駐車場
- トイレ：あり(長尾橋バス停付近，野島崎灯台入口)
- 食事処：野島崎灯台周辺には食堂が多い。軽食から磯料理まで予算に応じた店がある。

【After Birdwatching】

- 白間津のお花畑：1～3 月にかけて 10 軒ほどの花農家の直売所で花摘みができる(南房総市観光協会千倉案内所，Tel: 0470-44-3581)。また，隣接する乙浜漁港は海鳥観察の好ポイント
- 庄作商店：日本酒・焼酎の品揃えが豊富な老舗の酒店。晩酌用の品定めにも主人が気軽に相談に乗ってくれる(Tel: 0470-38-2058)
- 寿し甚：JR 館山駅東口近くの寿司店。駅周辺には寿司店が多く，電車・高速バスの待ち時間に利用する人も多い。ここは落ち着いた老舗の雰囲気が味わえる店(Tel: 0470-22-3238)

さいこ（あらかわだいいちちょうせつち）

彩湖（荒川第一調節池）

戸田市　MAPCODE® 3 241 130*61

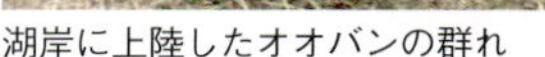

湖岸に上陸したオオバンの群れ

彩湖は首都圏への水道水供給と水害対策を目的として作られた人造湖。湖岸に整備された公園は週末になると多くの家族連れでにぎわい，湖を周回する舗装路ではジョギングやサイクリングを楽しむ人たちが行き交う。常時水をたたえる広大な「湖」は，「海のない埼玉」において多くの水鳥が集う貴重な場所となっている。

11 月に入り冬の足音が聞こえはじめると，北側にあるアシ原に小鳥たちが入りはじめる。貯水池機場横から土手に上がりアシ原全体を見渡すと，なわばり争いをくり広げるモズの姿や，木の枝に止まるアリスイを目にする。風の穏やかな日なら，耳を澄ませばオオジュリンのかすかな声が聞こえてくるだろう。土手の西側に位置するアシ原とビオトープは“ベニマシコゾーン”。「フィフィ」という鳴き声とともに，そのかわいらしい姿を春先まで楽しむことができる。

冬の彩湖北側の岸で羽を休めるカモメ類の群れ

湖面に目をやると，まず目に入るのがホシハジロとキンクロハジロの大きな群れ。その中にホオジロガモやミコアイサが混ざっていることがある。少し離れたところには，年々その数が減っているが，数羽のヨシガモが漂っているかもしれない。白くひときわ目立つスマートな鳥はカンムリカイツブリだ。春には夏羽に換わりはじめた美しい姿で，ペアになって求愛ディスプレイをくり広げる光景も見られる。ハジロカイツブリ，アカエリカイツブリ，ミミカイツブリも含めて，一度に国内のカイツブリ類 5 種を観察できることもある。近年，最も目立つ水鳥はオオバンであろう。30～50 羽の“黒い群れ”が岸辺に上がって草をついばんでいるシーンをよく見るようになった。

水面に浮かぶブイにも注目しよう。多くのカワウとユリカモメに混ざって数羽のセグロカモメがいるはずだ。稀にそれ以外の変わった（?）カモメも混ざっていることがあるので要注意。また，冬なのに水面上空を乱舞するツバメの姿を目にするが，これらは近隣に営巣するヒメアマツバメたちだ。

冬季は猛禽類もよく目にする。岸近くの小高い木々の枝にはオオタカやハイタカが止まっていることがあるほか，周辺に立つ鉄塔には，辺りをうかがうハヤブサやチョウゲンボウ，ノスリの姿を見ることがある。

〔石塚敬二郎〕

ベニマシコ

北側に主な観察ポイントが集中するが。それ以外でもう１つ覚えておきたい場所が，彩湖・道満グリーンパーク中央駐車場にある樹木。枝にはヤドリギが群生し，年明けから春先にかけて移動途中のレンジャク類が立ち寄ることがある。

鳥情報

季節の鳥／

（冬）ヨシガモ，カンムリカイツブリ，ハジロカイツブリ，ノスリ，アリスイ，ベニマシコ

（通年）オオバン，カワウ，ユリカモメ（夏季を除く），オオタカ，ハヤブサ

撮影ガイド／

湖上の水鳥を撮影する場合は，400 mm 以上の望遠レンズ，もしくはデジスコ撮影がよい。周辺のアシ原や雑木林での撮影は 400mm 程度のレンズで可能。

問い合わせ先／

彩湖・道満グリーンパーク管理事務所
Tel: 048-449-1550
http://www.toda-kousha.com/park/
彩湖自然学習センター
Tel: 048-422-9991
https://www.city.toda.saitama.jp/site/saiko/

メモ・注意点／

- 土日や祝日はジョギングやサイクリングなどで訪れる人が多いほか，冬季はマラソン大会など大きなイベントが開催されることもある。湖上でウィンドサーフィンを行っていることもあり，野鳥観察には少々きびしい日もある。
- 2019 年の台風 19 号によって被害を受けたが 2020 年 3 月に復旧。一部使用できないトイレ等あり（2020 年 3 月末時点）。

探鳥地情報

【アクセス】

- 車：県道 40 号線（志木街道）秋ヶ瀬橋東詰め交差点から水門（昭和水門）側の道を進むと，北側の荒川彩湖公園の駐車場へ出る。彩湖・道満グリーンパーク中央駐車場へは新大宮バイパス美女木交差点より約 0.6km
- 電車・バス：JR「西浦和駅」から武蔵野線沿いの道を西に歩いて彩湖北側（荒川彩湖公園）へ徒歩約 20 分。JR「浦和駅」西口と東武東上線「志木駅」東口を結ぶ国際興業バス（志 01）で「さくら草公園」下車，彩湖北側へ徒歩約 5 分。JR「武蔵浦和駅」から国際興業バス「下笹目」行のバス（武浦 01）に乗り，「彩湖・道満グリーンパーク入口」下車，彩湖中央付近の東岸まで徒歩約 5 分

【施設・設備】

- 駐車場：あり（地図内以外にも各所にあり）
- トイレ：身障者用トイレあり
- 食事処：周辺にコンビニはあるが少々距離がある

【After Birdwatching】

- 彩湖自然学習センター：彩湖の役割や荒川の自然を展示・紹介する施設。自然観察会をはじめとする講座も開催している。（10：00～16：30，第 1 及び祝日を除く月曜，毎月末日，12/29～1/4 休館，入館料無料）

あきがせこうえん

秋ヶ瀬公園

さいたま市桜区　MAPCODE® 5 686 317*46（ピクニックの森）

1 2 3 4 5 6 7 8 9 10 11 12

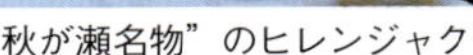

“秋が瀬名物”のヒレンジャク

秋ヶ瀬公園は，さいたま市西部の荒川河川敷に広がり，北側には昔の河畔林の面影を残す「ピクニックの森」，南には比較的開けた「子供の森」といった探鳥スポットがあり，休日は多くのバーダーが集う。

9月中旬，秋の渡りシーズンの始まりとともに姿を見せるのはヒタキ類たちだ。エゾビタキ，コサメビタキが見通しのよい枝に止まってフライングキャッチをくり返し，キビタキやオオルリは，成鳥はもちろん，この夏生まれの若鳥たちに会えることもある。また，公園中央部にある三ッ池周辺の桜並木では，ツツドリなどのカッコウ類が毛虫を食べているシーンを目にする。秋の渡りは10月にピークを迎え，11月に入るとツグミの姿がちらほらと見られるようになる。

冬季にはシメ，シロハラ，アカハラなどのほか，年によって“当たり年”といえるほど多数の個体が見られるマヒワやアトリ，さらにルリビタキやトラツグミ，そしてマミチャジナイなどが現れ，これらを目当てに大勢のカメラマンもやってくる。

クヌギの新芽が膨らみはじめるころには，レンジャクが現れる。子供の森，ヤドリギの群生する「レンジャクの丘」は有名なポイントだが，ピクニックの森も十分期待できる。

レンジャク騒ぎもひと段落した4月中旬，林内には春の渡り途上のキビタキ，オオルリ，ムシクイ類，時にはサンショウクイやサンコウチョウが姿を見せる。樹木の葉が生い茂るころになるとカッコウの声が響き，東の鴨川を挟んだ田園地帯からはオオヨシキリの騒がしい声が聞こえてくる。

〔石塚敬二郎〕

探鳥環境

レンジャクの丘

彩湖（78ページ）はJR武蔵野線を挟んだ南側に位置し，合わせて巡ることも可能。カモ類やカイツブリ類が多数越冬する彩湖を加えれば，より充実した探鳥となるだろう。

鳥情報

季節の鳥／

（春）ヒレンジャク，キビタキ，オオルリ，ムシクイ類，サンコウチョウ，コムクドリ
（夏）オオヨシキリ，セッカ
（秋）コサメビタキ，エゾビタキ
（冬）シロハラ，アカハラ，ルリビタキ，トラツグミ，カケス，アカゲラ，アオゲラ
（通年）エナガ，オオタカ，ハイタカ，チョウゲンボウ

撮影ガイド／

林内では400 mm程度の望遠レンズがあるとよい。三脚を広げての撮影は歩行者に配慮を。鳥の出現状況よっては多数のカメラマンが集まり，過去には通行に支障がでるほどの三脚が立てられたこともあった。

メモ・注意点／

- 冬を除く季節はバーベキューなどの来園者が多く，土日・祝日は駐車場が満車状態のことが多い。行楽シーズンは早朝にスタートし，なるべく早い時間に引き上げることをおすすめする。
- 2019年の台風19号による被害で，立ち入りは一部エリアに限られる（2020年3月末時点）。

子供の森は見通しのよい環境だ

探鳥地情報

【アクセス】

- 車：国道17号新大宮バイパス田島交差点より県道40号線（志木街道）を約1km進み，さくら草公園バス停付近の信号（土手の上にある）を右折，道なりに1kmほど走ると「子供の森」に出る。または羽根倉橋（東）交差点より入って，羽根倉橋下を左折，ゲートを抜けると「ピクニックの森」駐車場へ出る
- 電車・バス：JR「浦和駅」西口から国際興業バス「志木駅東口」行き（志01）に乗り「さくら草公園」下車，子供の森までは徒歩約15分。JR「西浦和駅」より子供の森までは徒歩約35分

【施設・設備】

- 駐車場：無料（地図内以外にも各所にあり）
- トイレ：各所にあり（一部，身障者用トイレ）
- 食事処：周辺にコンビニはあるが，少々距離がある

【After Birdwatching】

- 南側に隣接した「田島ヶ原サクラソウ自生地」は，さくら草公園として整備されている。サクラソウの見ごろは4月下旬。

さくら草公園

埼玉県

しばかわだいいちちょうせつち

芝川第一調節池

さいたま市緑区，川口市　MAPCODE® 3 460 019*13（民家園）

1 2 3 4 5 6 7 8 9 10 11 12

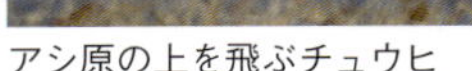

アシ原の上を飛ぶチュウヒ

埼玉県

見沼田んぼの南部，さいたま市と川口市にまたがる芝川第一調節池は水害対策を目的に造成された池である。土手の法面(のりめん)から水辺までコンクリートによる護岸がされていないため，草地やアシ原がよく発達しており，特に冬季，天候に恵まれれば40種以上の鳥が期待できる。

ここの魅力は猛禽類とカモ類の種類の多さであろう。10月中旬を過ぎるとチュウヒをはじめ，チョウゲンボウ，オオタカ，ノスリ，ハイタカ，ときにはミサゴもやってくる。周囲の送電線の鉄塔にはハヤブサが止まっていることもある。水面にはマガモ，ヨシガモ，ミコアイサなど，ピーク時は10種類以上のカモ類が見られ，過去にはホオジロガモやカワアイサが観察されたこともある。

ほかにはカイツブリやカンムリカイツブリ，稀にだがハジロカイツブリも観察され，数は少ないが，12～2月にかけてオオハクチョウ，コハクチョウの姿も見る。サギ類はアオサギ，ダイサギ，ゴイサギなどのほか，運がよければサンカノゴイと出会えることもある。

小鳥類は10月に草地やアシ原でノビタキが見られるが，滞在期間は短い。11月になるとベニマシコ，オオジュリン，アオジ，ジョウビタキ，アリスイなどが姿を見せる。ベニマシコは排水機場周辺，アリスイは南側から東側にかけて点在する低木が観察ポイントだ。東側のみちくさ道路沿いの木々にはシジュウカラ，エナガ，メジロなどが多く，10月には渡り途中のオオルリ，キビタキ，エゾビタキ，ツツドリなどと出会えることもある。

西側の芝川沿いも観察ポイント。カワセミは年間を通して観察できる。〔手塚正義〕

探鳥環境

池を周回する土手上の歩道は約 2.7 km。観察も土手上から行う。出入り口となる場所は 5 か所あるが，駐車場とトイレがある「浦和くらしの博物館民家園」を起点とするのがいいだろう。「念仏橋」から芝川沿いを歩いて行けるが，足元に注意。

鳥情報

季節の鳥／

（春）ホオジロ
（夏）オオヨシキリ，ツバメ
（秋）ノビタキ，オオルリ，キビタキ，エゾビタキ，ツツドリ
（冬）チュウヒ，ノスリ，マガモ，ヨシガモ，ミコアイサ，オオハクチョウ，コハクチョウ，カンムリカイツブリ，ベニマシコ，オオジュリン，アオジ，ジョウビタキ，アリスイ
（通年）カワセミ，アオサギ，ダイサギ

撮影ガイド／

水鳥の撮影は 600 mm 以上の望遠レンズ，もしくはデジスコ撮影推奨。土手上からの撮影に留めたい。

メモ・注意点／

- 冬，風が吹くと寒さは想像以上なので防寒具は必携。途中歩道が狭くなっている場所があり，歩行者やランナーの通行の邪魔にならぬように観察したい。

探鳥地情報

【アクセス】

- 車：東北自動車道「浦和 IC」から国道 463 号を浦和駅方向へ向かい約 10 分
- 電車・バス：JR「浦和駅」東口から国際興業バス「東川口駅北口」（浦 01），「浦和美園駅」（浦 02），「大崎園芸植物園」（浦 03）行に乗車し「念仏橋」下車

【施設・設備】

- 駐車場・トイレ：「浦和くらしの博物館民家園」に駐車場（無料）とトイレがある
- 食事処：近隣に飲食店，コンビニはない

民家園

みぬまたんぼ・みぬましぜんこうえん

見沼たんぼ・見沼自然公園

さいたま市緑区  3 548 382*28（見沼自然公園）

1 2 3 4 5 6 7 8 9 10 11 12

公園の名物，オナガガモの散歩

埼玉県の南部，川口市からさいたま市にかけて広がる見沼たんぼは，今ではそのほとんどが畑地だが，植木畑が多いためか，さまざまな野鳥が生息している。見沼自然公園は見沼たんぼの東部に位置し，園内に池や湿地，樹林があるほか，公園を挟んで見沼代用水東縁（ひがしべり）と加田屋川が流れ，周囲には農耕地が広がる。加田屋川右岸の染谷地区には雑木林も多く残っている。

北側の見沼代用水東縁と加田屋川に挟まれた農耕地では，ハクセキレイ，ヒバリ，ホオジロの仲間などが見られ，タヒバリや春にはコチドリと出会うこともある。加田屋川沿いを歩けば，サギ類や羽を休めるカモ類などが見られるだろう。染谷地区の雑木林では，コゲラなどのキツツキ類やカラの仲間，春と秋には渡り途中のヒタキ類とも出会える。猛禽類の飛ぶ姿を目にすることも多い。

見沼自然公園の池ではカモ類，バンやオオバン，樹林ではカラ類やメジロ，冬季はシロハラ，アカハラ，シメなどが観察できる。上陸して芝生の上を歩き回るオナガガモはここの「名物」でもある。渡りの季節には，水場ややぶに思わぬ珍客が現れることがあり，公園内でじっくり腰を据えて鳥を待つのもおもしろいだろう。〔浅見 徹〕

見沼自然公園から見沼代用水東縁に沿って北上し，加田屋川を挟んだ農耕地へ向かおう。続いて染谷地区の雑木林で小鳥を探しながら南に進み，加田屋川右岸の農耕地へ出て公園に戻る。小休止は「見沼くらしっく館（旧坂東家住宅）」がおすすめだ。

鳥情報

季節の鳥／

（春）ヒバリ，ホオジロ，コチドリ，ヒタキ類，ムシクイ類
（秋）ヒタキ類，ムシクイ類，モズ，ジョウビタキ，タヒバリ
（冬）オカヨシガモ，ヒドリガモ，オナガガモ，ツグミの仲間，シメ
（通年）バン，カワセミ，コゲラ，メジロ

撮影ガイド／

野鳥撮影にあたり，400 mm くらいのレンズが適している。歩行者やランナーも多いため三脚を広げての撮影は注意。

問い合わせ先／

見沼自然公園
https://www.sgp.or.jp/minuma-shizen

見沼くらしっく館（旧坂東家住宅） https://www.city.saitama.jp/004/005/004/005/004/index.html

メモ・注意点／

- 3 月と 11 月に日本野鳥の会埼玉による探鳥会が開催されている。詳細は日本野鳥の会埼玉のホームページ（http://www.wbsj-saitama.org/area/s05.html） を参照のこと。

探鳥地情報

【アクセス】

■車：東北自動車道「浦和 IC」から約 5km，首都高速埼玉大宮線「さいたま見沼出入口」から約 5km 東北自動車道「岩槻 IC」から約 6km

■電車・バス：
JR「大宮駅」東口から国際興業バス「さいたま東営業所」，「浦和美園駅西」，「浦和学院高校」，「浦和東高校」行き。JR「東浦和駅」，「浦和駅」東口から国際興業バス「さいたま東営業所」行き。埼玉高速鉄道「浦和美園駅」西口から国際興業バス「大宮駅東口」行き。上記全て「締切橋」下車徒歩 5 分。東武野田線「七里駅」からさいたま市コミュニティバスで「締切橋見沼自然公園」下車

【施設・設備】

■駐車場：無料（198 台）
■トイレ：見沼自然公園内，見沼くらしっく館内にあり
■食事処：喫茶ひびき（さいたま市見沼区染谷 3-131 Tel: 048-689-0939），ほかコンビニあり

【After Birdwatching】

- さぎ山記念館　見沼自然公園に隣接する「さぎ山記念公園」の一角にある。当地に昭和 50 年代まであった「野田の鷺山」（サギ類の集団営巣地）の写真など貴重な資料が展示されている。

いさぬま

伊佐沼

川越市　MAPCODE® 14 017 843*51

1 2 3 4 5 6 7 8 9 10 11 12

セイタカシギ

川越市東部に広がる水田地帯のほぼ中央に位置する伊佐沼は，さまざまな水鳥たちの貴重な越冬地・中継地となっており，過去にはレンカクやヘラサギなどの珍鳥も飛来している。整備された湖岸の歩道に加え，沼北部の古代蓮エリアには木道も設置され，野鳥観察を楽しむには良好といえる環境だ。

春～夏にかけて特に沼の北側では，子育て中のカイツブリやカルガモに混ざって，少し大きくなった幼鳥を連れたセイタカシギの親子が見られることもある。５月ごろからはコアジサシが現れ，沼のあちこちでダイブを行ったり，杭の上で求愛給餌するシーンが見られる。岸辺のアシ原ではオオヨシキリがにぎやかにさえずっているだろう。盛夏には，上空を数多くのツバメが舞い，沼中央の浮島は多数のサギ類たちが集まってねぐらにしている。

９月からの秋の渡り時期には，旅の途中のシギ・チドリ類が羽を休めているほか，アジサシやクロハラアジサシが滞在することもある。秋が深まると，コガモ，ヒドリガモ，ホシハジロなどの多くのカモ類，ユリカモメを中心としたカモメ類がやってきて，沼で冬を越す。少数だが，ハマシギやオジロトウネンが越冬することもある。

上空には，水鳥たちを狙うオオタカやハヤブサが現れることもある。　〔廣田純平〕

探鳥環境

浮島付近に集まったサギ類たち

冬の北岸近くの景色

北側の古代蓮エリアに見どころが集中するが，鳥を見ながら沼を一周するのもおすすめ。古代蓮エリア以外は鳥との距離が遠くなるため，スコープがあればより楽しめるだろう。一周の距離は約 2.4 km ある。

鳥情報

季節の鳥／

（春・夏）コアジサシ，セイタカシギ，オオヨシキリ
（秋）シギ・チドリ類，アジサシ，クロハラアジサシ
（冬）コガモ，ホシハジロ，ヒドリガモ，ユリカモメ
（通年）カワセミ，カイツブリ，カルガモ，カワウ，サギ類，イソシギ，コチドリ

撮影ガイド／

岸近くや桟橋付近の鳥は 400 ～ 600 mm クラスの望遠レンズ。沼の中央付近にいる鳥は，それ以上の高倍率レンズ，もしくはデジスコ撮影がおすすめ。

メモ・注意点／

- 歩道と木道の道幅はそれほど広くないため，三脚を広げると通行の妨げになるので注意。また，古代蓮の開花時期の 7 月上旬は駐車場が満車になることも多い。

探鳥地情報

【アクセス】

- 車：関越自動車道「川越 IC」より約 20 分，圏央道「川島 IC」より約 20 分
- 電車・バス：西武新宿線「本川越駅」，JR・東武東上線「川越駅」から「川越グリーンパーク行き」バスに乗り，「伊佐沼冒険の森」下車，徒歩約 5 分

【施設・設備】

- 駐車場：沼の北側と西側にある（無料）
  西側の駐車場は，10 ～ 2 月は 17：00，3 ～ 9 月は 19：00 に閉鎖される
- トイレ：北側の駐車場脇と，多目的広場内にあり
- バリアフリー設備：北側の駐車場脇のトイレに身障者用トイレあり
- 食事処：北側の農産物直売所と併設したうどん店があるほか，西側に「えすぽわーる伊佐沼」，問屋街（卸売団地）にラーメン店がある

さやまこ

狭山湖

所沢市，入間市　MAPCODE® 5 395 636*56

1 2 3 4 5 6 7 8 9 10 11 12

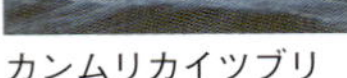

カンムリカイツブリ

狭山湖（山口貯水池）は埼玉県南西部，東京都との境界域に広がる狭山丘陵の中にある人造湖。広大な湖面には毎年多くの種類の水鳥が越冬のため渡来し，特にカンムリカイツブリの大きな群れが観察できる県内屈指のフィールドだ。

早い年は9月下旬ごろからコガモやマガモが入りはじめ，春先までホシハジロ，キンクロハジロ，ホオジロガモ，トモエガモなど多種のカモ類が観察できる。カンムリカイツブリのほか，近年はハジロカイツブリも増加傾向にあり，ほかアカエリカイツブリ，ミミカイツブリもしばしば観察されているため，カイツブリを加えた5種がそろうこともある。晩冬期には，カンムリカイツブリ，ハジロカイツブリの鮮やかな夏羽も楽しめる。

湖の周囲の林地では，冬季はツグミ，シロハラ，ジョウビタキ，ルリビタキ，シメ，カラ類がよく観察され，イカル，ウソ，ヒレンジャクの記録もある。また，4月下旬～6月上旬に湖北側の周回道路を歩けばキビタキやオオルリ，クロツグミのさえずりが聞こえるだろう。運がよければ姿を見ることも可能だ。

年間を通してオオタカやノスリ，ミサゴ，チョウゲンボウなどの猛禽に出会え，特にオオタカは周辺の森で繁殖もしている。このほか，ここ数年，9月下旬～10月中旬に渡り途中のノゴマやノビタキが，堤防下の植え込みでよく観察されている。

〔石光 章〕

探鳥環境

玉湖神社

冬季は堤防から湖上のカモ類やカイツブリ類の観察を中心に，玉湖神社周辺の林地でツグミ・ヒタキ類を探すとよい。隣接した多摩湖（東京都）も水鳥観察の好適地だ。

鳥情報

季節の鳥／

（春）カンムリカイツブリ，ハジロカイツブリ，タヒバリ
（夏）ツバメ，ヒバリ，ウグイス，キビタキ
（秋）コガモ，マガモ，ノゴマ，ノビタキ
（冬）カンムリカイツブリ，ハジロカイツブリ，ホオジロガモ，ホシハジロ，キンクロハジロ，ツグミ，シロハラ，ジョウビタキ，ルリビタキ，アオジ
（通年）オオタカ，ノスリ，ミサゴ，チョウゲンボウ

撮影ガイド／

カンムリカイツブリやハジロカイツブリは沖合いに群れていることが多く，600 mm 以上の望遠レンズがおすすめ。三脚も必要。

メモ・注意点／

- 狭山湖の堤防は南北に約 1 km，幅は広いので歩きやすいが，特に土日・祝日は観光客も多く訪れるほか，ジョギングやサイクリングでここを通行する人も増える。三脚を立てるときは，周囲に配慮をしたい。冬季，湖面を吹く風は冷たいので十分な防寒対策が必要。

探鳥地情報

【アクセス】

- 車：圏央道「入間 IC」から約 10 km。関越自動車道「所沢 IC」から約 12 km
- 電車：西武狭山線「西武球場前駅」から徒歩約 15 分

【施設・設備】

- 駐車場：堤防の北側，南側の道路沿いにそれぞれあり（有料）
- トイレ：堤防の北詰，南詰にそれぞれ 1 か所
- バリアフリー設備：身障者用のトイレあり
- 食事処：徒歩圏内にイタリアンや和食店などがある

【After Birdwatching】

- 西武ライオンズが本拠地とする「西武ドーム」がすぐ近くにあるほか，「西武園ゆうえんち」も西武球場前から西武レオライナーで 7 分の距離にある。冬季は狭山スキー場（西武ドームと隣接）で室内スキーを楽しめる。

堤防上から湖面を望む

きたもとしぜんかんさつこうえん

北本自然観察公園

北本市  14 346 058*14

カワセミ

「北本自然観察公園」は大宮台地北端部に位置する面積約 30 ha の公園で，関東ローム層で覆われた台地を小河川が浸食した樹枝状の谷地にある。かつて谷地田（谷戸田）があった場所を湿地・池とし，その周囲の斜面林と草はらの台地とともに里地里山の環境として残し，維持管理している。開園は 1992 年と比較的新しいが，隣接する北里大学メディカルセンター病院の敷地はかつて農事試験場跡地で，その周囲は「石戸宿（いしとじゅく）」と呼ばれた探鳥地であり，過去にバードサンクチュアリ設定の働きかけがあった。

園内は散策路や木道が整備され，変化に富んだ環境のため，さまざまな鳥を観察することができる。春は渡り途中のヒレンジャク，キビタキ，オオルリ，サシバが立ち寄り，初夏にはホトトギスが見られるようになる。秋はツツドリやエゾビタキが立ち寄り，冬はカモ類，ルリビタキ，ベニマシコ，ミヤマホオジロ，アカハラ，シロハラ，トラツグミ，アリスイと，四季折々，野鳥観察が楽しめる。

探鳥の拠点となる「埼玉県自然学習センター」は，1 階が展示室となっており，図鑑などの資料も充実しているほか，2 階には望遠鏡が設置され，池のカモ類などを観察できる。館内に掲示された野鳥情報を見て，目当ての鳥を探すとよいだろう。

近隣の東光寺に「石戸蒲ザクラ」、荒川土手に桜堤と桜の名所がある。園内にもエドヒガンザクラの巨木があったが 2019 年に根元から折れ，倒れてしまった。

〔吉原俊雄〕

探鳥環境

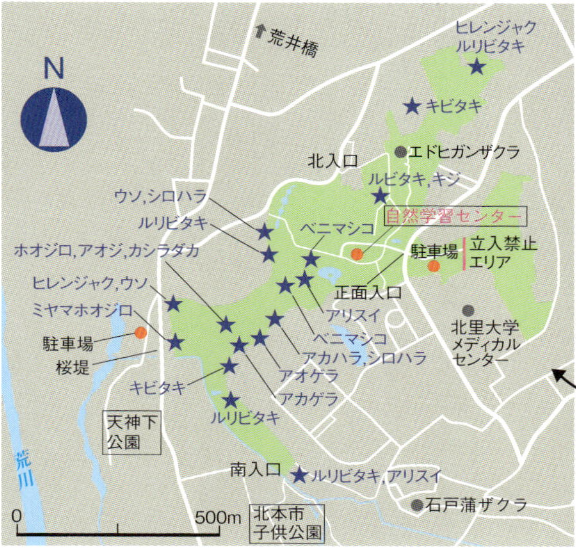

自然学習センター

正面入口

自然学習センターで園内の地図を入手し，館内のホワイトボード（生きものマップ）に掲示している観察された野鳥と見られた場所（番号柱の番号で表示）を確認すれば，園内にある番号柱を頼って目的の場所に行くことができる。生きものマップは毎日更新され，鳥だけでなく，昆虫や植物の情報も記載されている。自然学習センターの休館日でも入園は可能。

鳥情報

季節の鳥／

（春）ヒレンジャク，オオルリ，キビタキ，コサメビタキ，イカル，サシバ

（夏）オオヨシキリ，ダイサギ，ツバメ。初夏にホトトギス，ムシクイ類，サンコウチョウ

（秋）サシバ，ツツドリ，エゾビタキ，コサメビタキ，シマアジ

（冬）クイナ，アリスイ，ルリビタキ，アトリ，アカゲラ，アオゲラ，シロハラ，アカハラ，セグロセキレイ，キセキレイ，シメ，ウソ，アオジ，カシラダカ，ミヤマホオジロ，ミソサザイ，カヤクグリ

（通年）シジュウカラ，ウグイス，メジロ，ホオジロ，カワセミ，コゲラ，キジバト，アオサギ，バン，カイツブリ，カルガモ，キジ，コジュケイ，トビ，ノスリ，モズ，ヒヨドリ，カワラヒワ，カワウ，オオタカ

撮影ガイド／

鳥との距離が近いため 400 mm 程度のレンズがあれば十分。歩道が狭いため，三脚を広げての撮影は周囲に配慮したい。

問い合わせ先／

埼玉県自然学習センター（9：00～17：00，月曜休館）
Tel: 048－593－2891
http://www.saitama-shizen.info/koen/

メモ・注意点／

- 自然学習センターによる自然観察会が開催されているほか，日本野鳥の会埼玉主催の探鳥会が偶数月の第一日曜（9：00 集合）に実施されている。

探鳥地情報

【アクセス】

- 車：圏央道「桶川北本 IC」から約 3km
- 電車・バス：JR 高崎線「北本駅」下車，西口から川越観光自動車「北里大学メディカルセンター」または「石戸蒲ザクラ入口」行きに乗車し，約 15 分，「自然観察公園前」下車

【施設・設備】

- 駐車場：あり。無料（ただし，混雑する時期には満車で駐車できないことがある）
- トイレ：あり（駐車場，自然観察センター館内など）
- バリアフリー設備：あり（自然学習センターのホームページにバリアフリー情報が掲載されている）
- 食事処：北里大学メディカルセンター内にレストランとコンビニがある。また，飲料水は自然学習センター館内に 1 か所，自動販売機は正門正面，駐車場側の道路際のみのため，飲み物は持参したい

【After Birdwatching】

- 桜堤から少し北に歩くと果樹園があり，秋は梨など果実が販売されている。また，荒川を挟んだ対岸の吉見町はイチゴが名産品。春，荒井橋を渡った先の沿道にはイチゴ直売店が並ぶ。

園内の在りし日のエドヒガンザクラ

おおあそう・あらかわがわら

大麻生・荒川河原

熊谷市　 422 190 875*74（大麻生駅）

1	2	3	4	5	6	7	8	9	10	11	12

ミヤマホオジロ雄

大麻生の地は，秩父山地を発した荒川が，東京湾に向かって流れを大きく南に変える位置にある。広い河川敷は，アシ原，草地，農耕地，河畔林，ゴルフ場など多彩な環境をもち，一年を通じてバードウォッチングを楽しむことができる。

ひと口に大麻生といっても，東は「ひろせ野鳥の森駅」付近から，西は「明戸駅」に至る広大な地域を指している。拠点となるのは秩父鉄道の「大麻生駅」だ。踏切を越えて線路の南側の土手に上がると，県営大麻生ゴルフ場が広がり，その奥に河畔林がゆったり横たわっている。荒川の流れはさらにその先だ。目当ての鳥などに合わせて，西の明戸堰方向へ向かうか，東の荒川大麻生公園方面に向かうかを決めればよいだろう。主なコースは，ゴルフ場を南に迂回して雑木林の小道を辿るコース（夏～冬），東に向かって野鳥の森を目指すコース（通年），西に向かって明戸堰に至るコース（冬）などがあり，季節に合わせてコースを選ぶことができる。

なお，明戸の対岸は「白鳥飛来地」としてちょっとした観光スポットになっていたが，給餌の停止や明戸堰の改修にともない鳥影は遠くなってしまった。

〔榎本秀和〕

探鳥環境

「大麻生駅」を拠点に東西いずれかのエリアを巡るほか,「ひろせ野鳥の森駅」や「明戸駅」を拠点とするワンポイント探鳥も楽しめる。

対岸の押切地区から熊谷大橋を望む

鳥情報

季節の鳥／

(春)レンジャク類(年にもよる)

(夏)カイツブリ，ホトトギス

(秋)ノビタキ，エゾビタキ，渡来したばかりのツグミやジョウビタキ

(冬)ベニマシコやイカルなどのアトリ類，ホオジロガモ，ミヤマホオジロ

(通年)カワセミ，オオタカ，ハヤブサ

メモ・注意点／

● 土手は桜並木となっており，花見の時期はにぎわう。この時期は避けたほうが無難。また，河川敷ではマムシに注意，車に轢かれた死体にも安易に近づかないようにしたい。
夏は熊谷名物の「暑さ」対策も万全に。

探鳥の拠点となる大麻生駅

探鳥地情報

【アクセス】

■ 車：「熊谷駅」前から「大麻生駅」付近まで約 20 分

■ 電車：秩父鉄道「大麻生駅」「ひろせ野鳥の森駅」「明戸駅」下車。熊谷から大麻生までは 10 分ほど

【施設・設備】

■ 駐車場：大麻生駅前に有料駐車場あり

■ トイレ：大麻生駅構内(改札内。乗客以外も利用可能)，ひろせ野鳥の森駅にある。荒川大麻生公園内には簡易トイレがある。明戸駅にトイレはない

■ バリアフリー設備：2003 年に開業したひろせ野鳥の森駅はバリアフリー化されており，男女ともにバリアフリートイレとなっている

■ 食事処：なし。弁当持参が望ましい

ひろせ野鳥の森駅を発車した秩父鉄道の電車

せんげんやまこうえん

仙元山公園

深谷市 MAPCODE® 34 003 725*57

1 2 3 4 5 6 7 8 9 10 11 12

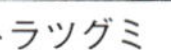

トラツグミ

深谷市街地の南端部に位置する仙元山は，標高98 m，道路のある場所からは30 mほど高いだけの小山だが，隣接する丸山と総合体育館（深谷ビッグタートル），陸上競技場，野球場などのスポーツ施設を含めた「深谷市仙元山公園」として市民に親しまれている。住宅地の中にある緑地は，鳥たちにとっても繁殖地，渡り途上の休息地，越冬地として貴重な場所になっている。

春になると，林の中でツミのペアが営巣を始める。カラスに邪魔されることが多く，繁殖成功率は50%ぐらいのようだが，巣立ち雛が遊ぶ様子が見られる年もある。ゴールデンウィーク前後になると，オオルリ，キビタキ，ムシクイ類などの夏鳥が立ち寄っていく。

夏はヒヨドリばかりが目立つようになるが，園内をじっくりと見て回ると，シジュウカラ，エナガ，コゲラの子育てを見ることができるだろう。

秋になりカケス，モズが戻ってきて，やがてジョウビタキが到来すると，冬鳥たちでにぎやかになる。ツグミ，シメ，カシラダカ，シロハラ，ビンズイなどがよく見られるが，トラツグミも少数ながら毎年越冬する。浅間神社の境内ではルリビタキ，カワラヒワ，アトリなどが見られ，付近に水辺がないのに，なぜかキセキレイも現れる。唯一の水場である神社の水道ではメジロ，シジュウカラ，ヤマガラなどが水浴びにやってくる。

このほか冬の林内では，アオゲラ，アカゲラ，コジュケイが見られ，年によって当たり外れがあるが，キクイタダキ，マヒワ，ウソ，ミヤマホオジロと出会うこともある。

〔新井 巌〕

探鳥環境

市街地と接した公園だけに，ウォーキングやジョギング，付近の学校の運動部生徒・学生のトレーニングの場として利用されるので，往来は多い。人の少ないところを選んで鳥を探すのがよい。

鳥情報

季節の鳥／

(春) ツミ，オオルリ，キビタキ
(夏) シジュウカラ，エナガ，コゲラ
(秋) カケス，モズ
(冬) トラツグミ，ルリビタキ，アオゲラ

撮影ガイド／

特別な撮影ポイントはなく，鳥を探しながら歩くことになる。小道での出会いも多く，大型の機材は向かない。手持ちでの撮影が望ましい。

問い合わせ先／

深谷ビッグタートル
Tel: 048-572-3000
http://city-fukayakousha.com/bigturtle/

メモ・注意点／

- 毎年 1 月に日本野鳥の会埼玉主催の探鳥会がある。詳しくは日本野鳥の会埼玉ホームページ (85 ページ) を参照のこと。

浅間神社

探鳥地情報

【アクセス】

- 車：関越道「花園 IC」から約 15 分
- 電車・バス：JR 高崎線「深谷駅」から徒歩約 25 分。「深谷駅」南口からコミュニティバス (くるリン)「武川駅」行に乗り約 5 分，「仙元荘」下車

【施設・設備】

- 駐車場：数か所あるが，ビッグタートルの駐車場がわかりやすい (無料)
- トイレ：ビッグタートル前 (男女別，身障者用併設) 浅間神社のトイレは男女共用

【After Birdwatching】

- 子ども連れなら駐車場横の遊園地「わんぱくランド」がおすすめ。入園料無料。変わり自転車，グラススライダーといった遊具 (いずれも有料) が利用できる。

ビッグタートルから丸山を望む

埼玉県

こくえいむさしきゅうりょうしんりんこうえん

国営武蔵丘陵森林公園

比企郡滑川町　MAPCODE® 91 899 747*75（中央口）

1 2 3 4 5 6 7 8 9 10 11 12

ルリビタキ

埼玉県

国営武蔵丘陵森林公園は，埼玉県中央部の丘陵地に整備された304 haにおよぶ広大な公園である。武蔵野の面影を残す雑木林を中心に，大小の池や沼，湿地，草地などが点在しており，それぞれが貴重な動植物の生育・生息の場となっている。

森林公園での探鳥は冬場がおすすめ。南口から入場して中央口方面を目指すのが一般的なルートだ。各入口に置いてある公式ガイドマップには，地図とともに園内の主な施設への距離や目安となる歩行時間が記されており重宝する。忘れずに携行しておこう。

ゲートをくぐればそこはすでに野鳥の生息地。南口広場や，すぐ先にある日本庭園だけでも多くの種類に出会えるだろう。思いがけない場所に鳥が出てくるので油断せず先へ進もう。花木園の梅林はまず最初のホットスポット。2月に紅梅・白梅の根元に咲くフクジュソウも見ものだ。疎林地帯に入ると点在するアカマツの斜面にビンズイの姿をよく見かける。公園を分断するように通る県道にかかる橋を渡ると，間もなく園内最大の沼，山田大沼だ。近年その種数は減りつつあるが，多くの越冬中のカモ類を目にするだろう。園内屈指の探鳥ポイントといえるのが，都市緑化植物園近くのかえで見本園。キクイタダキ，カラ類，エナガ，ツグミ，ルリビタキ，アトリの仲間などがよく見られ，鳥影が濃く，ここだけでも十分満足できる場所だ。西口や南口からは，舗装された広い大園路を通る園内バスが発着しており，これを利用して目的地近くに直接向かうこともできる。

梅雨期から秋口までの園内は非常に蒸し暑く，見られる野鳥も減るため探鳥にはあまり適さないが，7月中旬～8月上旬にかけては自生するヤマユリが見られる。〔中村豊己〕

探鳥環境

丘陵地であるため園路は起伏に富み，園内バスの通る大園路をはじめ，舗装された遊歩道，山道のような土の道などさまざまなルートを選びながら探鳥ができる。南口，北口，西口，中央口の 4 か所に入口があるが，南口からならほぼ北方向に向かうので，進行方向が順光となって野鳥を見つけやすい。

梅林

鳥情報

季節の鳥／

(冬)カモ類，コゲラ，アカゲラ，アオゲラ，カケス，キクイタダキ，カラ類，エナガ，トラツグミ，シロハラ，ツグミ，ルリビタキ，ジョウビタキ，ビンズイ，アトリ，シメ，ホオジロ，カシラダカ，アオジなど。特にエナガ，ルリビタキ，ビンズイは見られる確率が高い。ビンズイは梅林，疎林地帯，かえで見本園などアカマツのある場所でよく目にする。

撮影ガイド／

レンズは 400 mm 以上がおすすめ。

問い合わせ先／

国営武蔵丘陵森林公園　管理センター
Tel: 0493-57-2111
https://www.shinrinkoen.jp

メモ・注意点／

- 梅や桜のシーズンの花木園，紅葉シーズンのかえで見本園は多くの人が訪れ，野鳥はあまり出てこない。行楽時期にこれらのエリアを訪れるなら平日がよいだろう。
- 日本野鳥の会埼玉主催による探鳥会が年に数回行われているほか，国営武蔵丘陵森林公園・NPO 武蔵丘陵森林公園の自然を考える会共催による野鳥観察会が 1 月に実施されている。
- 園内バス（有料）は本数が少ないので，公式ガイドマップ内の時刻表で運行時刻を確認しておくとよい。

探鳥地情報

【アクセス】

- 車：関越自動車道「東松山 IC」から熊谷方面へ約 10 分で公園南口
- 電車・バス：東武東上線「森林公園駅」北口より，川越観光自動車バス「森林公園南口」行き直通バスあり（土日祝のみ運行）。国際十王交通バス「熊谷駅南口」行きまたは「立正大学」行きで「滑川中学校」下車，徒歩約 15 分で公園南口。JR 高崎線・秩父鉄道「熊谷駅」南口より，国際十王交通バス「森林公園駅」行きで「森林公園西口」「森林公園南口入口」下車すぐ

【施設・設備】

- 開園時間：9：30 ～ 16：00（季節により 16：30，17：00 まで延長される）
- 休園日：12/31，1/1，1 月第 3・第 4 月曜
- 入園料：高校生以上 450 円，65 歳以上 210 円，中学生以下無料。団体（20 名以上）割引あり
- 駐車場：各入口にあり。普通車 650 円
- トイレ：公園内各所にあり
- バリアフリー設備あり（スロープ，多目的トイレ，授乳おむつ替えコーナー）
- 食事処：園内の中央レストラン（中央口近く），展望レストラン（展望広場内）などで食事をとることができる

【After Birdwatching】

- 都市緑化植物園では毎月 2 回，その時期の見どころを案内する「植物園ガイドツアー」（無料）が開催されている。

いるまがわとさやまいなりやまこうえん

入間川と狭山稲荷山公園

狭山市　MAPCODE® 5 633 277*44（狭山稲荷山公園）

ササゴイ

狭山市の入間川河畔に県営狭山稲荷山公園を加えた通称「入間川探鳥地」は，奥武蔵の妻坂峠付近を源流に流れ下ってきた入間川が北東へ流れを変えるあたりに位置する。駅からのアクセスがよく，年間を通して楽しめる探鳥地である。

まずは「狭山市駅」西口から新富士見橋を目指す。橋のたもとから河川敷へ降り，舗装された遊歩道を上流に向かって進むと，川の流れの中に浮かぶマガモ，カルガモ，コガモの姿を目にするだろう。遊歩道は歩行者のほか自転車も通るので，通行の妨げにならないように観察したい。

岸近くの木立ちや草むらでは，コゲラ，モズ，カワラヒワ，ホオジロ，アオジ，メジロ，オオジュリンなどの小鳥類，小石が転がる河原ではイカルチドリ，イソシギ，コチドリ，セキレイ類などを探してみよう。上空に目を移すと，飛翔するヒメアマツバメやオオタカ，サギ類の姿を見ることがある。

田島屋堰の手前はオオヨシキリやササゴイなどの観察ポイント。その先の広瀬橋の上流付近ではクイナ，ササゴイ，カワセミなどがよく見られる。霞川合流点近くまで進んだら，少し引き返して広瀬橋のたもとへ上がり，国道16号方向へ向かうと，木々に覆われた稲荷山公園が見えてくる。公園内では，ビンズイ，シメ，シロハラ，アオゲラなどをじっくりと探してみよう。公園正門の前が，ゴールとなる「稲荷山公園駅」だ。　〔星 進〕

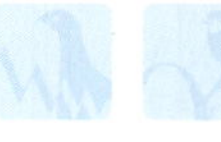

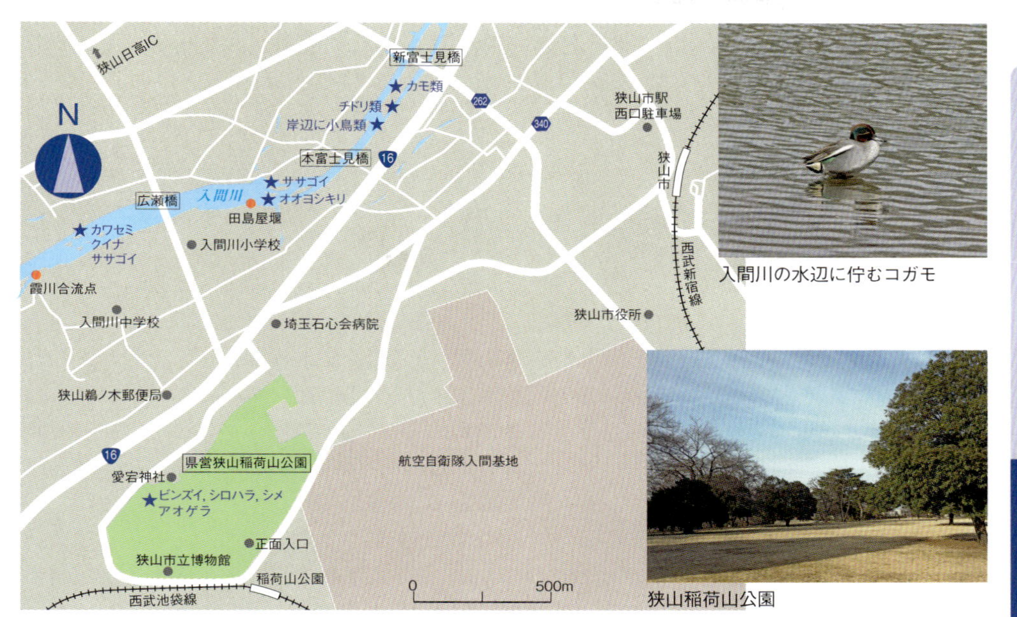

入間川の水辺に佇むコガモ

狭山稲荷山公園

狭山市駅（西口）→新富士見橋→田島屋堰→広瀬橋→狭山稲荷山公園→稲荷山公園駅と巡るコースは，起点・終点とも駅になるため，車よりも電車利用を推奨したい。河川敷は光条件のいい右岸を歩くとよいだろう。なお，狭山市までは高田馬場から急行で約 50 分，稲荷山公園から池袋までは急行で約 45 分である。

鳥情報

季節の鳥／

（春）ヒメアマツバメ，オオジュリン
（夏）ササゴイ，ゴイサギ，セッカ
（秋）モズ，ジョウビタキ
（冬）カシラダカ，ビンズイ，シロハラ，アオジ
（通年）カイツブリ，カワウ，イカルチドリ，アオサギ，ダイサギ，カワセミ，アオゲラ，コサギ，カルガモ，コゲラ，シジュウカラ，オナガ，ホオジロ，メジロ，バン，オオバン，セグロセキレイ，ヒヨドリ，カワラヒワ

撮影ガイド／

水辺では距離があるため，500 mm ぐらいのレンズがあると便利。稲荷山公園内以外での三脚使用はさほど迷惑にはならないが，遊歩道の占有は NG。

問い合わせ先／

埼玉県営狭山稲荷山公園
https://www.seibu-la.co.jp/inariyama/

メモ・注意点／

- 「日本野鳥の会埼玉」が入間川探鳥会を狭山市駅西口起点で奇数月に定期開催している。詳細は日本野鳥の会埼玉ホームページ（85 ページ）参照。
- 狭山稲荷山公園はサクラの木が多く，3 月下旬～4 月上旬は花見客が多い。
- 広瀬橋の下は通年釣り人がいるので邪魔にならないように観察しよう。
- 2019 年の台風 19 号の被害により，入間川沿いの遊歩道の一部を復旧工事中（2020 年 3 月末現在）。

探鳥地情報

【アクセス】

- 車：圏央道「狭山日高 IC」から約 15 分
- 電車・バス：西武新宿線「狭山市駅」，西武池袋線「稲荷山駅」下車。入間川の河畔までは，ともに徒歩約 15 分

【施設・設備】

- 駐車場：狭山市駅西口有料駐車場（30 分以内無料。以降 30 分毎 100 円）のほか，狭山市役所の駐車場が土日祝日に一般無料開放されている（7：00～19：00）。また，狭山市立博物館横に狭山稲荷山公園利用者用の無料駐車場がある。
- トイレ：コース途中では，入間川小学校グラウンド脇に障害者兼用トイレあり
- 食事処：狭山市駅やその周辺に飲食店やコンビニなど多数あるほか，稲荷山公園駅内にもコンビニがある。狭山市立博物館（9：00～17：00，原則月曜休館）内にはレストランがある

【After Birdwatching】

- 狭山市立智光山公園：狭山市駅西口から西武バス「智光山公園」行きに乗り終点下車（約 20 分）。園内には植物園，釣り堀，子供動物園などの施設がある。探鳥地でもあり，園内でカモ類，カワセミ，モズ，ジョウビタキ，ルリビタキ，ウグイス，シロハラ，ツグミ，アオゲラ，シメ，カケスなどが観察できる。11～5 月が探鳥適期。

埼玉県

くろはまぬま

黒浜沼

蓮田市　MAPCODE® 3 846 311*86

1 2 3 4 5 6 7 8 9 10 11 12

オオジュリン

黒浜沼は上沼と下沼からなる２つの沼の総称。岸辺は自然のままで，郷愁を感じる風景が残る。貴重な生態系が維持されており，「埼玉県自然環境保全地域」に指定されたほか，多種の野鳥に加え，マコモなどの湿性植物やジョウロウスゲなどの絶滅危惧種の野草が生育していることから，「さいたま緑のトラスト保全第 11 号地」にも指定されている。

観察は上沼とそれを囲むアシ原を中心に，周辺の水田，屋敷林，草地を巡るとよいだろう。年間を通じて楽しめるが，ベストは秋～春にかけてである。

沼のカモ類はカルガモ，コガモ，マガモが常連だが，ほかのカモ類が立ち寄ることもある。カモたちとともにオオバンやカイツブリの姿も見られるだろう。杭にはカワウ，アオサギ，コサギが止まり，干上がった泥の上ではイカルチドリやセグロセキレイが動き回っているはずだ。水面まで穂を伸ばしたアシにはカワセミがよく止まっており，その根元からタシギやクイナが現れることがある。

アシ原では，オオジュリンやカシラダカなどがよく見られ，ベニマシコの観察機会もある。アシ原の中の低木はアリスイのポイントだが，見つけるのに苦労する。また，上空にはオオタカやノスリなどの猛禽類が飛んでいることもある。特に９月は渡り途中のサシバを見る機会が多い。

沼周辺の木々ではジョウビタキ，シメ，ツグミなどのほか，アカゲラやアトリを見ることもある。草地ではキジがよく見られる。

〔田中幸男〕

探鳥環境

駐車場から南へ向かうとアシ原に出る。アシ原に沿ってさらに南へ進むと沼が見えてくる。沼の縁を左まわりで進む道は，大雨の後などに通行困難な場合がある。北側にある「ホタルの里」のほか，周辺の水田，屋敷林，沼の東側の道沿いも見逃せない観察ポイントだ。なお，下沼へは一般通行できる道がなく，近づくことができない。

鳥情報

季節の鳥／
(春) ウグイス
(夏) オオヨシキリ，ツバメ，チュウサギ，コアジサシ
(秋) モズ，サシバ，ショウドウツバメ，チュウサギ
(冬) マガモ，コガモ，カシラダカ，オオジュリン，アオジ，タヒバリ，オナガ，カケス
(通年) キジ，カワセミ，カイツブリ，カルガモ，アオサギ，コサギ，ダイサギ

撮影ガイド／
沼は大きくなく，コンパクトな高倍率ズーム機でも撮影チャンスはある。沼の縁は狭く三脚は立てづらい。周辺は住宅もあるので，カメラの向きなどにも配慮したい。

問い合わせ先／
蓮田市環境学習館（火曜休館）
蓮田市黒浜 1061　Tel: 048-764-1850
当地の管理施設ではないが常駐スタッフがおり，沼周辺の情報などを知ることができる。トイレはここのみなので，ひと声かけてから利用したい。

メモ・注意点／
- 日本野鳥の会埼玉主催の探鳥会が年数回あるほか，蓮田市環境学習館主催のバードウォッチングが，毎月第一土曜（1月除く）に開催されている。参加希望者は9：30までに環境学習館にて手続きを。

探鳥地情報

【アクセス】
- 車：県道 154 号線の黒浜小学校から北方向に 100 m ほど進むと，黒浜沼への案内板がある。案内板に従って右に曲がると黒浜沼駐車場（無料）がある。
- バス：JR 宇都宮線「蓮田駅」東口から，朝日バスで「東埼玉病院」または「江ヶ崎馬場」行きに乗車し，「新井団地」下車

【施設・設備】
- トイレ：環境学習館内にあり
- 食事処：沼の西側に中華料理「花水木」（火曜定休）。五目焼きそばやランチメニューが定評。コンビニは，県道 154 号線の黒浜小学校そばに「ファミリーマート」がある。

【After Birdwatching】
- 北西 1km ほどの蓮田市役所そばに，黒浜式土器が出土した国指定文化財「黒浜貝塚」がある。隣接する「蓮田市文化財展示館」に出土物などが展示されている。

蓮田市環境学習館

埼玉県

まつぶしみどりのおかこうえん

まつぶし緑の丘公園

北葛飾郡松伏町　MAPCODE® 3 682 768*41

1 2 3 4 5 6 7 8 9 10 11 12

木道の手すりに止まったカワセミ

埼玉県東南部の松伏町は，東西を江戸川と古利根川に挟まれ，さらに町の中央部を中川が流れる，水郷という言葉がふさわしい場所だ。「まつぶし緑の丘公園」は26.5haの人工的につくられた公園だが，アシ原や湿地，池，里山を模した丘などがバランスよく配置されており，野鳥をはじめさまざまな生き物が集まってくる。

園内は3つのゾーン（水辺ゾーン，里山ゾーン，広場ゾーン）に分かれ，探鳥は水辺ゾーンと里山ゾーンが中心となる。季節は鳥影の濃い冬がいいだろう。バス停や管理センターがある南側のメインエントランスから入り，歩道を進むと，木々の枝にはモズやアカハラ，その下の地面にはシロハラやタシギがよく見られる。水辺ゾーンのアシ原ではカシラダカやオオジュリンの姿を目にし，さらに池の上に渡された木道を歩くと，驚くほど近くに水鳥がいる。カモ類やカイツブリの数は多く，その中には毎年越冬するミコアイサもいる。浮島ではカワセミも見られるだろう。また，対岸の高木はシメやホオジロのお気に入りの場所だ。

里山ゾーンの丘の麓ではカシラダカのほか，アリスイが見られることもある。丘の頂上からは公園内はもちろん，外に広がる田んぼも見渡せ，下からは見えなかった池の浮島の向こう側にいる水鳥や，周囲の田んぼにいるミヤマガラスなどが見つけられるかもしれない。

〔佐野和宏〕

探鳥環境

アオサギ。サギ類は通年見られる

コガモ。カモ類の数は多い

公園に入るとすぐ右手にトンボ池が見えてくるが，ここから鳥を探してみるのがおすすめ。その先の大きな池には木道が渡されており，水鳥観察もしやすい。里山ゾーンの丘の九十九折の道を登ると公園の内外を一望できる。

鳥情報

季節の鳥／

（春）ヒバリ，ハクセキレイ
（夏）ゴイサギ，ダイサギ，コサギ
（秋）モズ，ノスリ，オオタカ，ジョウビタキ
（冬）カモ類，カイツブリ，シメ，カシラダカ
（通年）カルガモ，カワセミ，ハクセキレイ

撮影ガイド／

池の木道は狭いので，三脚を使用する場合は通行者に配慮を。また，園内には立入禁止の場所があるので注意。

問い合わせ先／

まつぶし緑の丘公園管理センター（8：30～17：00，月曜休館）
Tel: 048-991-1211

メモ・注意点／

- 公園ホームページ（http://www.town.matsubushi.lg.jp/www/contents/1260148701019/index.html）内のイベント情報に探鳥会開催日が掲載されている。

探鳥地情報

【アクセス】

- 車：国道 4 号バイパス平方交差点または赤沼交差点から松伏方面へ約 2 km
- 電車・バス：東武スカイツリーライン「せんげん台駅」から茨急バス「まつぶし緑の丘公園」または「松伏町役場」行きに乗車，「まつぶし緑の丘公園」下車

【施設・設備】

- 駐車場：あり（無料）
- トイレ：公園内に 4 か所ある
- バリアフリー設備：車いすとベビーカーの無料貸出しがある
- 食事処：なし

【After Birdwatching】

- 南方向約 4 km の場所にある「キャンベルタウン・野鳥の森」では，埼玉県の鳥シラコバトをはじめ，ワライカワセミなどオーストラリアの鳥が飼育展示されている。http://yacho-nomori.kosi-kanri.com/

よこはましぜんかんさつのもり

横浜自然観察の森

横浜市栄区　MAPCODE® 8 310 260*78

1 2 3 4 5 6 7 8 9 10 11 12

面積の大きな森の象徴ヤマガラ

三浦半島の付け根，鎌倉市との市境に位置し，横浜市内最大の緑地である円海山緑地の一角にある 44.4 ha の自然観察施設が横浜自然観察の森である。

自然観察センターには（公財）日本野鳥の会のレンジャーが常駐し，「生きもののにぎわいのある森」として横浜自然観察の森友の会のボランティアらとともに横浜市南部の本来の自然を保全管理している。森林性の鳥類を中心に 1986 年の開園以来，150 種以上の野鳥が確認され，四季を通じて楽しめる。

鎌倉へ通じる尾根道周辺は常緑樹のタブノキや落葉樹のミズキ，カラスザンショウなどの大木があり，ヤマガラやメジロなどの小鳥類やアオゲラが一年中確認できる。初夏にはホトトギスが鳴きながら飛び，谷筋などではオオルリやキビタキのさえずりが聞こえる。林床のやぶが保全されていることからウグイスが多いのも特徴だ。冬季は園路でアオジが採食するが，クロジのこともあるので注意深く歩きたい。関谷奥見晴台やノギクの広場など開けた場所は猛禽類の観察に適しており，秋には少数だがサシバの渡りも見られ，フライングキャッチをするエゾビタキやキビタキなどヒタキ類にも注目だ。ウタツグミの日本初記録もこの森である。一方で，特定外来生物のガビチョウやタイワンリスが増え，在来種への影響が懸念される。

野鳥以外にも草花やオタマジャクシ，トンボ，チョウなど多様な生きものが暮らしているので，野鳥とのつながりを感じながら楽しみたい。

〔掛下尚一郎〕

探鳥環境

ウツギの実を食べるウソの雄と雌

園路で採食するクロジ

まずは自然観察センターに立ち寄り，園内ガイドマップと自然情報を入手しよう。双眼鏡の無料貸し出しも行っている。起伏に富んだ園内は森林，草地，水辺などさまざまな環境が保全されている。体力や時間に合わせてコースを選択するとよい。タイワンリスが多く，その鳴き声は慣れるまで野鳥ととてもまぎらわしい。

鳥情報

季節の鳥／

(春・夏)ホトトギス，オオルリ，キビタキ，センダイムシクイ
(秋)サメビタキ類，サシバ
(冬)アオジ，クロジ，ルリビタキ，シロハラ，ウソ，シメ，ノスリ
(通年)アオゲラ，カワセミ，ヤマガラ，シジュウカラ，エナガ，ウグイス，トビ

撮影ガイド／

春～秋は木々の葉が茂り，抜けのよいシーンはあまり望めない。鳥との距離があるのでデジスコは強い味方になる。冬は地上や目線の高さで撮影できる種もおり，条件によっては300 mm レンズから撮影は可能。樹上性の鳥類では見上げる構図が多くなる。

問い合わせ先／

横浜市自然観察センター
Tel: 045-894-7474(受付 9：00～16：30)
https://www.wbsj.org/sanctuary/yokohama/index.html

メモ・注意点／

- 毎月第２日曜「みんなでバードウォッチング」(横浜自然観察の森友の会主催)実施。9：00～13：00，参加無料。
- 一般のハイカーも多いため，すれ違いには注意。また狭い園路では長時間の三脚使用は控えたい(一部，三脚禁止箇所あり)。立入禁止の保護エリアもある。

探鳥地情報

【アクセス】

- 車：横浜横須賀道路「朝比奈 IC」から環状４号線で大船方面へ約５分
- 電車・バス：京浜急行「金沢八景駅」の三井住友銀行前のバス停(駅徒歩約４分)から，神奈川中央交通バス「大船駅」「上郷ネオポリス」行き(乗車約 15 分)。JR「大船駅」の笠間口，東口バスターミナル(駅徒歩約４分)から神奈川中央交通バス「金沢八景駅」行き(乗車約 25 分)。いずれも「横浜霊園前」下車，自然観察センターまで徒歩約７分

【施設・設備】

横浜市自然観察センター
- 開館時間：9：00～16：30
- 休館日：月曜(休日の場合は翌日)，年末年始
  ※園内は閉鎖されないので，時間外でも探鳥は可能
- 入館：無料
- 駐車場：あり(上郷・森の家の駐車場，有料)
- トイレ：あり
- バリアフリー設備：あり(多目的トイレ)

【After Birdwatching】

- 上郷・森の家：隣接する横浜市の公共の宿。食事のほか，日帰り入浴(土日祝のみ)も可。(Tel: 045-895-5151)

情報拠点の自然観察センター

まいおかこうえん

舞岡公園

横浜市戸塚区  8 456 897*03

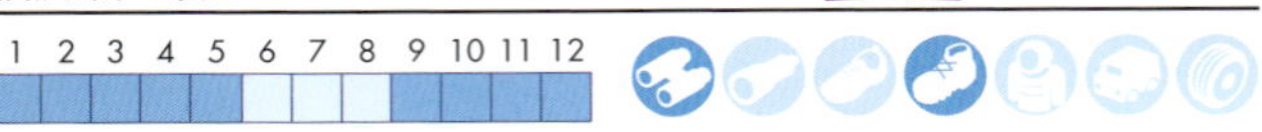

ヤマシギ

舞岡公園は横浜市が整備した都市公園で，谷戸田を中心にため池・湿地・雑木林など里山の景観が地形とともに残されている。

野鳥の観察適期は，春・秋の渡りの時期と冬季になる。夏は鳥の姿は少なく，探鳥には向かない。

９月下旬になると，サクラの植栽地やミズキの木に渡り途中のエゾビタキ，コサメビタキ，キビタキなどのヒタキ類が飛来する。少数だが，ツツドリ，マミチャジナイなどが見られることもある。

野鳥観察に最適の冬季で特筆すべきは，毎年ヤマシギが数羽，園内の湿地で越冬していることだ。姿を見るのは難しいが，園内では，特にきざはしの池（池ではなく湿地だが）で採食する姿をよく見かける。そのほかはタシギ，アオゲラ，アカハラ，シロハラ，カシラダカ，アオジ，シメなどの姿をよく見かける。年によっては，ルリビタキ，ウソ，ベニマシコが越冬することがある。園内の各所にあるため池では，少数のカモ類・サギ類が越冬するほか，カワセミは常連だ。

春（ゴールデンウィーク前後）はヤブサメ・センダイムシクイ・キビタキなど渡り途中の小鳥が立ち寄るが，数は少ない。

なお，公園中心部は，入り口に門があり，夜間は立ち入ることができない。

〔森越正晴〕

探鳥環境

神奈川県

舞岡駅からのんびり歩いて園内に入ると，人工構造物のほとんどない昔ながらの景観が広がり，土の感触が心地よい。園路が縦横にのびており，複雑な地形に応じて水鳥や山の鳥，里の鳥が次々と現れるだろう。

鳥情報

季節の鳥／

(春)ヤブサメ，センダイムシクイ
(秋)エゾビタキ，コサメビタキ，キビタキ，ツツドリ
(冬)カモ類，クイナ，ヤマシギ，タシギ，ルリビタキ，アカハラ，シロハラ，アオジ，シメ
(通年)カワセミ，アオゲラ，コゲラ，エナガ，ヤマガラ

撮影ガイド／

撮影にあたっては，公園内各地にある生物保護区には立ち入らないようにすること，また園路から撮影する場合，三脚がほかの利用者の邪魔にならないように注意すること。

問い合わせ先／

舞岡公園小谷戸の里（古民家を中心とした自然体験施設）
特定非営利活動法人　舞岡・やとひと未来
Tel / Fax: 045-824-0107（9：00～17：00）
休館日：毎月第1・3月曜（祝日の場合はその翌日）
http://maioka-koyato.jp

メモ・注意点／

- 公園内に有料駐車場はあるが，サクラの花の時期や秋の行楽シーズンには満車になることが多いので注意。

探鳥地情報

【アクセス】

- 車：横浜横須賀道路「日野IC」から約10分
- 電車・バス：横浜市営地下鉄ブルーライン「舞岡駅」下車徒歩約25分，JR「戸塚駅」東口より江ノ電バス「京急ニュータウン」行き終点下車徒歩約1分，「舞岡台循環」行き「坂下口」下車徒歩約3分

【施設・設備】

- 開館時間：9：00～17：00（小谷戸の里）
- 休館日：毎月第1・3月曜（祝日の場合はその翌日）公園そのものは閉園されないので，探鳥は可能
- 入館料：無料
- 駐車場：あり（有料，6：00～21：00）
- トイレ：あり

コゲラ

神奈川県

まなづるみさき

真鶴岬

足柄下郡真鶴町 MAPCODE® 717 484 499*82（真鶴岬）

1 2 3 4 5 6 7 8 9 10 11 12

クロサギ

真鶴半島は相模湾の西端を縁取り，先端には神奈川県を代表する景勝地，三ツ石海岸がある。半島を覆う照葉樹と針葉樹の御林は，江戸時代から育て守られ，現在は一部を「魚つき保安林」に指定，豊かな漁場を育む巨木の林を形成する。

色濃く豊かな森にはアオゲラやアカゲラなどのキツツキ類，オオルリなどの夏鳥，シジュウカラ類などが多く生息する。秋から冬もアオジやクロジ，ルリビタキがシダ類の豊富な林床を行き来している。遊歩道が縦横に伸びており，波の音を背景にクロマツやスダジイの太く高い幹を眺めながら歩けるのは，この場所ならではだろう。

海岸線は切り立つ断崖に囲まれ，冬にはハヤブサがよく見られる場所としても知られる。海岸に面した遊歩道には眺望のよい場所がいくつかあり，ハヤブサやトビの飛んでいる背中を見下ろすことができるかもしれない。

三ツ石（笠島）を正面に見据えて磯へ下りると，この海岸を代表する鳥であるクロサギが岩の間を静かに歩いている。人が少ない時間帯なら，かなり近づいてくることもある。また，近年は内陸に分布を広げるイソヒヨドリであるが，やはりこうした岩礁をひらひらと飛ぶ姿がよく似合う。

冬は岩場の向こうの海に目をこらすと，カンムリカイツブリやアカエリカイツブリ，ウミアイサなどが浮いていることがある。岩礁にはウミウが止まり，目を凝らすと，白波をバックにホバリングするカワセミの姿を見ることもできるだろう。〔秋山幸也〕

探鳥環境

波の上のカワセミ

バス停からすぐに歩いて三ツ石海岸へ下りられる。南向きの海岸なので，お昼前後は三ツ石の正面に太陽が来てまぶしい。早めの時間に三ツ石海岸で過ごし，引き返して日中は太陽が遮られる御林や番場浦をめぐる遊歩道をのんびり歩くとよい。

鳥情報

季節の鳥／

(春・夏)オオルリ，キビタキ，センダイムシクイ
(冬)ミサゴ，ノスリ，ハヤブサ，ビンズイ，アオジ，ジョウビタキ，セグロカモメ，ユリカモメ
(通年)ウミウ，クロサギ，ウミネコ，カワセミ，アオゲラ，メジロ，イソヒヨドリ，シジュウカラ，ヤマガラなど。

撮影ガイド／

海の鳥は全般的に距離があるので 500 mm クラスのレンズが必要。海岸線の岩場で静かに待っていると，クロサギやイソヒヨドリは間近まで来ることがある。御林の内部は樹高 30m を超える木々が林立し，小鳥の撮影は難しい。ただし，キツツキ類は幹を上下に移動するので，じっくり待てば撮影チャンスはある。

問い合わせ先／

真鶴町営ケープ真鶴　Tel: 0465-68-1112
開館時間　9：00 ～ 16：00

メモ・注意点／

- 野鳥の出現状況は潮位にあまり左右されないが，磯の生物観察もしたいなら，干潮時間を調べておく必要がある。磯は不規則な岩の凹凸があり，歩く際は十分気をつけたい。また，波が高いときは海岸線に近づかない。三ツ石海岸へ降りる階段は狭く，常時観光客が行き来しているので，野鳥観察に夢中になって道をふさがないよう注意したい。

探鳥地情報

【アクセス】

- 車：国道 135 号線真鶴駅前交差点を真鶴岬方面へ，駅前より約 8 分
- 電車・バス：JR 東海道本線「真鶴駅」から箱根登山バス「ケープ真鶴」行き終点下車(乗車約 20 分)，三ツ石海岸まで徒歩約 10 分

【施設・設備】

真鶴町営ケープ真鶴

- 営業時間：9：00 ～ 16：00
- 年中無休(海岸や御林へのアクセスは施設の開閉に関係なく可)
- 入場料：なし(2 階の遠藤貝類博物館は大人 300 円／小人(6 歳～高校生)150 円，団体割引あり)
- 駐車場：あり(無料，ただし夏季は 500 円／日)
- トイレ：あり
- バリアフリー設備：あり(おむつ交換台，ベビーベッドあり)
- 食事処：館内に軽食・喫茶コーナーや売店

【After Birdwatching】

- 遠藤貝類博物館：ケープ真鶴の 2 階にあり，遠藤晴雄氏の貝類コレクションを中心に展示する町立の博物館。生きた化石と呼ばれる「オキナエビス」，真鶴や相模湾の貝，世界一大きい貝や長い貝など，さまざまな貝を展示(開館 9：30 ～ 16：30　Tel: 0465-68-2111)

じょうがしま

城ヶ島

三浦市　MAPCODE® 394 164 809*67

1 2 3 4 5 6 7 8 9 10 11 12

ウミスズメ

三浦半島の先端にある城ヶ島は，ウミウやヒメウの越冬地として有名だが，最近はアホウドリ類やトウゾクカモメ類，カンムリウミスズメなど，さまざまな海鳥が陸から観察できる場所として知られるようになった。島西端の長津呂（ながとろ）崎の岩礁の上に立つと相模湾が一望でき，視界がよければ相模湾越しに雄大な富士山がそびえるのが見える。春は海上をオオミズナギドリの群れが相模湾の奥から外に向かって飛んでいるが，望遠鏡でしばらく観察すると，その中にウミスズメやウトウの小群やシロエリオオハムが，オオミズナギドリを追い越すように飛んでいくのが見られるだろう。これらの鳥は春に数が増えるため，北上する渡り途中の個体群と考えられているが，実態はよくわかっていない。ウミスズメやウトウは多ければ1日で1,000羽以上が通過することもある。3月はカンムリウミスズメを観察する機会が多く，波が穏やかなら長津呂崎周辺の海面に浮くかわいらしい姿が見られるので，望遠鏡で根気よく探してみよう。南寄りの強風の日には，アホウドリ類やウミツバメ類が狙い目。ゴールデンウィークのころはトウゾクカモメ類の渡りのピークとなる。アジサシを追い回すクロトウゾクカモメや，長い尾をたなびかせて優雅に飛翔するシロハラトウゾクカモメも観察できる。運がよければ日本で観察できるトウゾクカモメの仲間4種を，1日で観察できるかもしれない。都心から1時間程度の距離でこれだけいろいろな海鳥が見られる場所はそうないだろう。

〔宮脇佳郎〕

探鳥環境

駐車場から京急ホテルの先にある長津呂まではゆっくり歩いても15分ほど。波が高いときの波打ち際は危険なので近づかないこと。時間があれば，城ヶ島公園近くのウミウ展望台から，断崖で休息するウミウやヒメウを観察しよう。

鳥情報

季節の鳥／
（春）オオミズナギドリ，ハシボソミズナギドリ，アカアシミズナギドリ，コアホウドリ，クロアシアホウドリ，シロエリオオハム，クロガモ，ウミアイサ，アカエリヒレアシシギ，ミツユビカモメ，アジサシ，トウゾクカモメ，ウミスズメ，カンムリウミスズメ，ウトウなど
（通年）クロサギ，イソヒヨドリ

撮影ガイド／
距離が遠いので撮影は不向き。

問い合わせ先／
三浦半島渡り鳥連絡会
http://birder.guidebook.jp/miura/

メモ・注意点／
- 鳥が遠いので望遠鏡は必須。強風時は望遠鏡の転倒のおそれがあるため，しっかりした三脚がよい。また，岩礁のため足元注意。

探鳥地情報

【アクセス】
- 車：横浜横須賀道路「佐原 IC」から車で約30分
- バス：京浜急行「三崎口駅」から京浜急行バス「城ヶ島」行き終点下車（乗車約20分）
  京急バス三崎営業所　Tel: 046-882-6020

【施設・設備】
- 駐車場：バス終点付近に有料駐車場がいくつかある
- トイレ：数か所あり

【After Birdwatching】
- 城ヶ島京急ホテル：Tel: 046-881-5151
- ホテル京急油壺観潮荘：日帰り温泉が利用できる。（Tel: 046-881-5211）
- 三崎港産直センター「うらり」：マグロや新鮮な海産物などを買える。

富士山を望む

神奈川県

たけやま

武山

横須賀市　MAPCODE 306 484 001*10

1 2 3 4 5 6 7 8 9 10 11 12

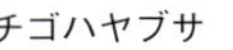

チゴハヤブサ

　武山は三浦半島の中央よりやや南に位置する標高 200 m の丘陵地。ここより南は標高 100 m 以下の低い台地状の地形なので，山頂展望台からの眺望はよい。天気がよければ北～東側に横浜の街並みや房総半島の先端部まで広く見渡せる。これまでこの展望台では秋季に 16 種類のタカやハヤブサの仲間が記録されている。代表的なのはサシバとハチクマで，9 月下旬～10 月上旬の好天で北東風の吹く，さわやかな日に房総半島から飛来することが多い。丘陵の西端にあたる武山の山頂に発生する上昇気流を利用して旋回上昇し，高度を稼いで北西方向へ滑翔していく。このため，展望台の観察者の頭上でタカ柱が展開されることが多い。ぐずついた天気が続いた後の好条件の日ならば，1 日に 300 ～ 500 羽のサシバを数えることもある。この時期にはほかにも少数だがノスリ，ツミ，オオタカ，チゴハヤブサなどの渡りが観察される。また，アカハラダカが稀に出現するので注意が必要だ。展望台周辺の稜線の林縁部では，エゾビタキがフライキャッチをくり返す姿をよく見る。一緒にコサメビタキ，サメビタキ，キビタキなどのヒタキ類，サンショウクイやマミチャジナイが毎年のように観察されている。サシバの渡りが終息した 10 月下旬～11 月中旬にかけてはハイタカの渡りがピークを迎える。1 日に数羽～ 20 羽程度だが，サシバとは逆に西→東に通過していくハイタカが見られる。チュウヒなど数少ないタカが現れることもあり，初冬の武山も見逃せない。

〔宮脇佳郎〕

探鳥環境

「一騎塚（いっきづか）」バス停からハイキングコースを通って山頂まで徒歩で 30 ～ 40 分。きつい登りもあるが舗装されているから足元は楽だ。道幅が狭く，時々車も通行するので注意しよう。小鳥類は山頂に近い稜線部に多い。

鳥情報

季節の鳥／

(春) オオルリ，キビタキ，ヤブサメ
(夏) ホトトギス
(秋) サシバ，ハチクマ，ミサゴ，ノスリ，ツミ，オオタカ，アカハラダカ，ハヤブサ，チョウゲンボウ，チゴハヤブサ，アマツバメ，エゾビタキ，サンショウクイ
(冬) ハイタカ，ウソ

撮影ガイド／

タカの撮影は 400 ～ 600 mm 程度が使いやすい。展望台で三脚を使って撮影する場合，最上段は狭いため，中段で行うのがローカルルール。

問い合わせ先／

三浦半島渡り鳥連絡会
http://birder.guidebook.jp/miura/

メモ・注意点／

- 展望台は一般のハイカーも利用するので，気持ちよく使ってもらうよう気配りが必要。展望台は風があるので上着を持って行くとよい。

探鳥地情報

【アクセス】

- 車：横浜横須賀道路「衣笠 IC」から車で約 20 分。山頂まで車で登れる
- 電車・バス：京浜急行「横須賀中央駅」から京浜急行バス「三崎東岡」行きで「一騎塚」下車（乗車 30 分）。徒歩約 30 分
  京浜急行「YRP 野比駅」から京浜急行バス「横須賀市民病院」で「通信研究所南門」下車（乗車約 15 分）。徒歩約 20 分
  京急バス衣笠営業所　Tel:046-836-0836

【施設・設備】

- 駐車場：あるが，山頂付近の駐車スペースは少ない
- トイレ：山頂展望台横にあり

【After Birdwatching】

- 津久井浜観光農園（横須賀市）：いちご狩り（1 ～ 5 月），さつまいも堀り（9 ～ 10 月），みかん狩り（10 ～ 11 月）などが楽しめる。（Tel: 046-849-4506）

山頂の展望台

神奈川県

たまがわかこう

多摩川河口

川崎市川崎区，東京都大田区 MAPCODE® 135 489*47（右岸神奈川県側）

1 2 3 4 5 6 7 8 9 10 11 12

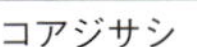

コアジサシ

京急大師線の終点，「小島新田駅」を降りて北へ歩くこと 10 分。堤防へ上がると，目の前に広大な河川敷が広がる多摩川河口へと出る。遠くにはスカイツリー，そして羽田空港を離発着する旅客機が見える。水位は潮汐に左右され，低いときは干潟が現れ，どこからともなく鳥たちが集まってくる。ここをマイフィールドにしているバードウォッチャーも多く，観察施設などはないが，いつも誰かしらが望遠鏡やカメラを構えている。

年間を通して水鳥が多いが，やはり春と秋の旅鳥シーズンがよい。特に春はコアジサシがキリリッと鳴きながら飛び交い，キアシシギやチュウシャクシギ，オオソリハシシギ，メダイチドリ，シロチドリ，ダイゼンなどがせわしなく採食する。

冬は猛禽類やカモメ類，カモ類の種数が多い。オオタカやハヤブサのほか，チュウヒやミサゴが出現することもある。カモメ類やカモ類はいつも安定して観察できるので，年齢や雌雄の識別の練習に都合がよい。

堤防沿いや大師橋付近にはアシ原やヤナギ類の低木が点在する，河口部の河原特有の植生がある。こうした場所では，夏の鳥影が薄い時期でもオオヨシキリが鳴き，運がよければヨシゴイも見られる。オオジュリンが越冬するのもこの辺りだ。

首都圏の探鳥地として親しまれているが，羽田連絡道路の建設に伴い，河口部に新しい橋を建設する計画が進められている。渡り鳥の中継地が東京湾から次々と消えていく中，多摩川河口がこれからどのように変化していくのか注目していきたい。

〔秋山幸也〕

探鳥環境

京急大師線小島新田駅から北へ歩き，首都高速6号川崎線沿いの道から殿町3丁目信号を渡り，さらに北へ歩いて住宅地を抜けると堤防へ上がれる。右手の河口側に干潮の時間なら干潟が現れる。大師橋付近も陸地や草地の鳥が多いので，帰りに寄るとよい。

鳥情報

季節の鳥／

（春・秋）ダイゼン，メダイチドリ，キアシシギ，ハマシギ，オオソリハシシギ，チュウシャクシギ，トウネン
（夏）ヨシゴイ，コアジサシ，オオヨシキリ
（冬）カンムリカイツブリ，ハジロカイツブリ，キンクロハジロ，スズガモ，オオバン，チュウヒ，ミサゴ，ハヤブサ，アオジ，ジョウビタキ，セグロカモメ，ユリカモメ
（通年）カワウ，カイツブリ，ウミネコ，カワセミ，イソヒヨドリなど

撮影ガイド／

全般的に鳥との距離があるので500 mmクラス以上のレンズが必要。晴れていれば明るさに不足は無いので，テレコン装着やデジスコも可。飛んでいるコアジサシや大形のシギ類は，粘り強く待っていると近くに飛んでくることもある。また，事前に潮位を調べておくとよい。干満の差が大きい大潮のときほど，干潮時に干潟が大きく出るので水鳥が集まりやすい。加えて満ちていくときも岸近くに鳥が集まるので撮影しやすい。

メモ・注意点／

- 特に春から秋にかけて，日差しを遮るものがないので，帽子などの日よけや日焼け対策は必須。飲み物の調達も，観察ポイント周辺には自動販売機もないので，事前に十分な準備をしておこう。川崎市が冬に，また，日本野鳥の会神奈川支部や日本野鳥の会東京が年に数回程度，探鳥会を開催している。

探鳥地情報

【アクセス】

- 車：首都高速横羽線「大師」出口すぐ
- 電車：京急大師線「小島新田駅」から多摩川堤防まで徒歩約10分

【施設・設備】

- 駐車場：殿町にコインパーキングがいくつかあるが，台数は少ない
- トイレ：「小島新田駅」や河口へ出る途中のコンビニエンスストア，河川敷の殿町第2公園にあり

【After Birdwatching】

- 川崎大師周辺：川崎大師への参拝と，「珈琲茶房 餅陣」の久寿餅（くずもち）サンデーなど。
- バニラビーンズ 川崎アゼリア店：ネット販売で有名なチョコレート店だが，神奈川県限定の実店舗がある。

下流向き

えなわん

江奈湾

三浦市 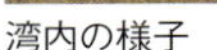 306 215 155*13

1 2 3 4 5 6 7 8 9 10 11 12

湾内の様子

江奈湾は小さな入り江だが，湾の西側には背後にアシ原をもつ天然干潟が現れる。最近は上流の畑からの土が堆積したためか，シギ・チドリの数が減った感があるが，毎年春にはコチドリ，メダイチドリ，キョウジョシギ，キアシシギ，イソシギ，チュウシャクシギが見られ，オオメダイチドリやオオソリハシシギなども不定期に観察される。8月の秋の渡りの時期には，春の普通種のほかにトウネンやソリハシシギが加わる。春の最盛期にはシギ・チドリ類の総個体数が200羽を越えることもあるが，秋は多くてもその半分以下と少ない。小さな干潟なので干潮時でも汀線（ていせん）が近く，はるか遠くにシギ・チドリが行ってしまうことはない。イソヒヨドリのさえずりを耳にしながらのんびり観察したい。春の大潮の干潮時には剣崎小学校前の海岸に砂礫質の干潟が現れ，メダイチドリやチュウシャクシギなどが群れている。堤防から見下ろすように観察できるので，そっと見ていれば真下まで採食に来るかもしれない。夏の干潟では，汀線付近でクロサギやコサギが採食しており，ウミネコの群れが休息する。

丘を1つ越えた毘沙門の岩礁帯ではメリケンキアシシギが度々観察されているので探してみよう。また，半島の先端に位置することから渡りの季節には，海岸の斜面林や畑縁のやぶなどでムシクイやヒタキ類なども観察される。陸の小鳥にとっても貴重な渡りの中継地になっているのだ。〔宮脇佳郎〕

探鳥環境

「剣崎小学校」バス停で下車して堤防の裏にある干潟をのぞいてから，道路沿いに西へ進み，アシ原のある干潟でじっくり観察する。時間があれば向かいの丘を越えた毘沙門の岩礁帯に行って，メリケンキアシシギを探そう。

鳥情報

季節の鳥／

（春・夏）コチドリ，メダイチドリなどチドリ類。キョウジョシギ，トウネン，キアシシギ，イソシギ，チュウシャクシギなどシギ類。コサギ，クロサギ，アオサギ，イソヒヨドリなど

（冬）オオジュリン

撮影ガイド／

干潟は潮位によって鳥との距離が大きく変わる。潮が引いて沖側へ鳥が散らばっている時は，600 mm 程度は欲しい。また，潮位の変化に慣れていないと，思わぬスピードで陸地が消えていくので，低い位置で観察する場合には注意。

メモ・注意点／

- 干潮の時間を調べてから出かけること。干潟に面する道路は大型車も通行するが，歩道が狭いため十分に注意すること。

探鳥地情報

【アクセス】

■車：横浜横須賀道路「佐原 IC」から車で 40 分

■バス：京浜急行「三浦海岸駅」から京浜急行バス「三崎東岡」行きで「剣崎小学校」下車（乗車 20 分）。バスの本数は少ないので注意

京急バス三崎営業所　Tel: 046-882-6020

【After Birdwatching】

- 松輪エナ・ヴィレッジ（三浦市江奈湾）：2 階のレストランで旬の地魚が食べられる。（Tel: 046-886-1767）

キョウジョシギ

神奈川県

げんじやま

源氏山

鎌倉市　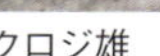 8 245 508*56

クロジ雄

古都鎌倉を取り巻く山の尾根に源氏山公園がある。県内でも古くから知られた探鳥地で，1965 年の開園に際し野鳥誘致施設が作られ，今も野鳥の会会員の手で管理されている。ここでは森林の野鳥観察を楽しめるほか，周辺は神社や寺に囲まれているので，探鳥しながら史跡めぐりも楽しめる。

公園東端に位置する源氏山（標高 80 m）は，秋には渡り途中のヒタキ類が見られる。また，源頼朝の銅像がある広場では，数は少なめだが 9 月下旬～10 月上旬の午前中と 4 月上～中旬にサシバの渡りが見られる。また冬季はノスリなどのタカ類が上空を飛ぶ。公園に隣接する葛原ヶ岡神社付近の雑木林はヤマガラなど森林性の小鳥が多い。

源氏山公園から大仏ハイキングコースを 15 分ほど歩くと，佐助稲荷へ下りる。常緑樹が多い，よく茂った社寺林でさまざまな野鳥に出会える。冬季はクロジが見られることもあるので，時間をかけて探鳥したい。5 月中旬～ 7 月はホトトギスの声も聞こえる。

探鳥には 10 月と 4 月中旬～5 月上旬の渡り時期と，12 ～ 2 月の冬鳥の時期が最適だろう。近年は樹木が大きく育ち，森林性のアオゲラやヒタキ類が増える傾向がある。また 5 年ほど前から外来種のガビチョウが侵入している。

〔久保廣晃〕

探鳥環境

鎌倉駅西口から徒歩 20 分の佐助稲荷で探鳥し，裏山から大仏ハイキングコースへ登り，尾根道沿いに住宅地を抜け 20 分ほど歩くと源氏山公園に到着，葛原岡神社周辺の雑木林で探鳥後，源頼朝像のある広場を経て源氏山山頂へ。寿福寺へ下ると 15 分ほどで鎌倉駅西口に戻れる。銭洗弁天から直接源氏山公園に登るルートも代表的な観光ルートなのでわかりやすい。

鳥情報

季節の鳥

(春・秋) キビタキ，オオルリ，エゾビタキ，コサメビタキ，サシバ，ハチクマなど

(夏) ホトトギスなど

(冬) クロジ，アオジ，シメ，シロハラ，ルリビタキなど

(通年) コゲラ，アオゲラ，エナガ，ヤマガラ，カワラヒワ，メジロ，ウグイスなど

メモ・注意点

- 1979 年以来，「鎌倉自主探鳥会グループ」による定例探鳥会が実施されている。毎月第 2 日曜に鎌倉駅西口に 8：00 集合 (11 ～ 3 月は 8：30)，正午ごろ源氏山公園で解散。雨天決行，予約なしで誰でも参加できる。
- 観光地なので，11 時ごろまでには観察を終えたい。4 月上旬の桜の時期は花見客で混雑するので注意。道は整備されているが，佐助稲荷から大仏ハイキングコースへ上がる道は，2019 年秋の台風の被害を受け不通になっているため，佐助稲荷境内で探鳥後は，銭洗弁天から源氏山へ上がるコースを通りたい。

探鳥地情報

【アクセス】

■電車：JR 横須賀線「鎌倉駅」下車。徒歩約 20 分

【After Birdwatching】

- 源氏山公園を基点にウォーキングを兼ねて，鎌倉観光を楽しもう。鶴岡八幡宮など鎌倉駅周辺の神社仏閣を巡ったり，北鎌倉へ下って浄智寺，建長寺，円覚寺に参詣するのもよい。尾根伝いに歩いて大仏へも行ける。佐助稲荷近くの喫茶「みのわ」は，野鳥の会の会員が経営し，くずきりやあんみつがおいしい老舗である。お店でひと休みしながら庭に来る野鳥を眺めるのもよいだろう。

ノスリ

じんばさん

陣馬山

相模原市緑区　MAPCODE® 23 093 470*12（JR 藤野駅）

1 2 3 4 5 6 7 8 9 10 11 12

サンショウクイ

神奈川県

神奈川県北端に連なる小仏山地のなかでも，バリエーションに富んだ登山ルートを選べて人気なのが陣馬山（854.8 m）だ。春～初夏なら，JR「藤野駅」を起点にツバメやカラ類などの里の野鳥を堪能しながら 30 分ほど歩き，沢井の登山口から登るルートがある。または，藤野駅からバスで和田まで行き，そこから山頂を目指すルートもある。いずれもスギの植林地と，かつて雑木林として管理されてきたコナラ林が交互に現れ，標高が上がるにつれて多くなるイヌブナの新緑の輝きが目にまぶしい。

登山道沿いではホウチャクソウやチゴユリなど春の野草が豊富に見られ，鳥だけではない豊かな北相模の自然を満喫できる。このあたりは夏鳥のサンショウクイが多く，あちらこちらで声をきくことができる。沢沿いのオオルリやミソサザイ，尾根筋のキビタキ，センダイムシクイなど，美声の夏鳥たちが登り坂で元気づけてくれる。標高が上がれば，遠くにジュウイチやツツドリの声，アオバトのさえずりなどが加わる。

夏の終わり～秋は，山頂からタカの渡りも見られる。数や種類では名だたるタカの渡りの名所には及ばないが，北西側の尾根伝いにそびえる連行峰（れんぎょうほう）上空に舞い上がったタカ柱が，一気に西へグライディングする様子は，ロマンをかきたてる光景だ。高空を飛ぶタカを見つつ，山頂の低木に目をこらすと，コサメビタキがたたずんでいることもある。タカの渡りを見るなら，車で和田峠まで行き，そこから山頂まで約 20 分という登山ルートもある。

〔秋山幸也〕

探鳥環境

藤野駅から徒歩で沢井への道を歩くと，里の鳥と沢井川沿いの川の鳥を楽しめる，歩きはじめてすぐ暗くて長いトンネルがある。苦手な人はバスを利用したほうがよい。沢井からのルートだけでも２つあるが，どこもしっかり登山路や道標がついているので安心。和田峠からの道はほぼ全行程階段で，タカの渡りに集中したいときはこちらが便利。バスは和田まで行き，ここからも２ルートある。

鳥情報

季節の鳥

（春・夏）ジュウイチ，アオバト，サンショウクイ，ミソサザイ，オオルリ，キビタキ，センダイムシクイ
（秋）サシバ，ハチクマ，コサメビタキ
（冬）アオジ，アトリ，モズ
（通年）アオゲラ，カワガラス，キセキレイ，シジュウカラ，ヤマガラ，エナガ，ホオジロ，カケス

撮影ガイド

どのルートでもしっかりした登山になるため，300 mm 程度の軽めの装備で臨みたい。林内は暗いので，ISO をあらかじめ上げておく。山頂が近づくと開けて明るくなり，上空を猛禽類が飛ぶこともあるので，設定を変えるのを忘れずに。タカの渡りは高空で距離があり，撮影には不向き。山頂を通過するヒタキ類などを狙うとよい。春から秋は植物も多いので，コンデジなどで標準からマクロ域をカバーしたい。

問い合わせ先

神奈川県自然環境保全センター
Tel: 046-248-6682

メモ・注意点

- トイレは登山道の途中になく，バス終点の和田バス停と和田峠，山頂にある。山頂は白馬のモニュメントのほか，イスやテーブルもあるが，タカの渡りの観察など長時間滞在する場合，そうした場所を占有しないように気をつけよう。

探鳥地情報

【アクセス】

- 車：中央自動車道「相模湖 IC」から沢井まで 10 分，和田まで 15 分，和田峠まで 25 分で行かれる。和田峠に駐車場（有料）あり
- 電車・バス：JR「藤野駅」から沢井の登り口まで徒歩 30 分，または神奈川中央交通バス「和田」行きで「陣馬登山口」下車，徒歩 10 分

【After Birdwatching】

- 陣馬の湯：日帰り入浴のできる岩風呂，露天風呂。
  陣渓園　Tel: 042-687-2537
  陣谷温泉　Tel: 042-687-2363
- 清水茶屋：山頂で通年営業している茶屋。おでんやお汁粉，豚汁など温かい汁物がおすすめ。（木曜定休）

登山道

神奈川県

てるがさきかいがん

照ヶ崎海岸

中郡大磯町　MAPCODE® 15 188 306*68

1 2 3 4 5 6 7 8 9 10 11 12

アオバト

神奈川県

海水浴場発祥の地としても知られる照ヶ崎海岸は，相模湾のほぼ中央に位置し，アオバトが繁殖する丹沢山地から森の緑でつながる最短距離にある海岸だ。アオバトの集団飛来地として神奈川県の天然記念物に指定されている。飛来は５月初旬ごろから始まり，５月末～10月中旬ごろが多く，その規模は国内最大級だ。飛来は日の出ごろから始まり，数が多いのは10時ごろまでで昼は少ない。

アオバトを観察するには，まず防波堤の上から，照ヶ崎海岸を目指して大磯駅前の森を飛び立った群れを探そう。海水を飲んで森に戻る群れと上空で交差し，離合集散する。

今度は浜に降りて観察しよう。森では出会うことすら珍しいアオバトが，岩場で磯遊びに興じる子どもたちを気にすることなく，近くに降りて海水を飲む姿に驚くだろう。ここは人とアオバトが共存している貴重な場所である。岩場から離れて驚かさないよう，優しい気持ちで観察したい。望遠鏡があれば，嘴を岩のくぼみに溜まった海水に浸け，喉を動かして飲む様子まで観察できる。

沖では数百羽のオオミズナギドリが海上を低く帆翔し，イソヒヨドリはそばに来て美しく歌う。アオバトを狙ってハヤブサが飛来したり，たまにボラなどを狙ってミサゴが飛来し豪快なダイビングを見せることもある。

７月下旬ごろからアオバトの幼鳥が飛来しはじめると，成鳥との識別も楽しい。また８月ごろからはシギの仲間など旅鳥が岩場に，定置網の浮きにはアジサシの群れが羽を休めることもある。

〔金子典芳〕

海岸は日影がないので，観察はできるだけ早朝がおすすめ。照ヶ崎海岸の西側防波堤の上は遊歩道になっていて，観察スペースが考慮された広い部分があり，海水吸飲を終えたアオバトが頭上をかすめるようにして森に戻っていく。大磯駅の北側にある高麗山は丹沢山地と照ヶ崎を行き来するアオバトが通過し，早朝に鳴き声もよく聞こえる。時間があれば足をのばしたい。

鳥情報

季節の鳥／

オオミズナギドリ，ハシボソミズナギドリ，ウミウ，アオサギ，クロサギ，ミサゴ，ハヤブサ，チュウシャクシギ，イソシギ，キアシシギ，キョウジョシギ，ウミネコ，アジサシ，アオバト，ツバメ，イワツバメ，イソヒヨドリ など

撮影ガイド／

海水吸飲の様子などアオバトを大きく写すには400mm 以上の装備はほしいが，広角レンズによる風景と群れの写真も照ヶ崎ならでは。

問い合わせ先／

大磯町産業観光課　Tel: 0463-61-4100
http://www.town.oiso.kanagawa.jp/isotabi/miryoku/aobato.html
地元の野鳥観察グループ「こまたん」
http://www.komatan.jp/index.html

メモ・注意点／

- アオバトは大きなレンズやシャッター音には敏感なので，急な動きに注意。野鳥の観察・撮影目的で岩場には入らないようにしたい。炎天下での観察・撮影は熱中症に注意。帽子などの日よけと飲み物は必携。海が荒れているときは決して水際に近づかない。
- 「こまたん」によるアオバト観察会：5～9月の最終日曜（6：00～9：00），無料。
- 日本野鳥の会神奈川支部 定例高麗山探鳥会：毎月第2日曜（7：30～11：00），無料。

探鳥地情報

【アクセス】

- 車：東名高速道路「秦野中井 IC」から県道 71 号線を南下。海岸を通る西湘バイパスを平塚方面へ向かい，大磯港で降りる。約 25 分
  東名高速道路「厚木 IC」から小田原厚木道路「大磯 IC」で降り，県道 63 号線を南下。国道 1 号線を平塚方面へ向かい大磯港へ。約 30 分
- 電車：JR「大磯駅」から海の方向へ，大磯港の西側にある町営プール脇の階段で防波堤上の遊歩道まで，徒歩約 15 分

【施設・設備】

- 駐車場：大磯港県営駐車場，4:00 ～ 22:00（10 ～ 3 月は 5:00 ～），1 時間毎 310 円（最大 1 日 1,020 円）
- トイレ：あり
- 食事処：コンビニは「大磯駅」周辺のみ。大磯市開催時はフード店あり。

【After Birdwatching】

- さかなの朝市：獲れたての新鮮な魚を直売。クラフトやフード 100 店舗以上が集まる大磯市も同時開催。（毎月第 3 日曜，9：00～［整理券を 8：00 から配布］，7～9 月は夜市 17：00～20：30）

神奈川県

みやがせこ・はやとがわりんどう

宮ヶ瀬湖・早戸川林道

相模原市緑区，愛甲郡清川村 MAPCODE® 251 372 729*65（早戸川林道入口）

1 2 3 4 5 6 7 8 9 10 11 12

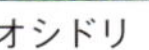

オシドリ

宮ヶ瀬湖は，相模川水系中津川に造られた人造湖で宮ヶ瀬ダム（下写真）のバックウォーターとして湛水面積 460ha を誇る。中津川本川，川弟川（かわおとがわ），早戸川が深い谷を削り，ダム湖は複雑な地形を反映して鳥の足形の湛水面を描く。

2001 年に運用が開始された新しい湖ということもあり，集まる水鳥の種類や数は年ごとに大きく異なる。しかし，冬場に湖全域で見られるミサゴや，入り組んだ湖岸にたまるオシドリなどのカモ類は安定して見られる。湖畔園地の池にはオオバンやヒドリガモ，カワガラス，カワセミなどが見られ，周回できる遊歩道沿いの植栽木の枝先にはモズのはやにえが刺さっている。

そして近年，にわかにバードウォッチャーから注目される探鳥コースが，早戸川林道だ。湖畔園地の駐車場のすぐ近くに入口があり，支流の早戸川に沿って湖岸をなぞる林道は一般車通行禁止のため，のんびり鳥を見ながら歩くことができる。春から初夏にはオオルリのさえずりが響き渡り，夜はミゾゴイやフクロウの声が周囲の山並みにこだまする。

そして冬こそ，この林道がバードウオッチャーでにぎわうシーズンだ。ルリビタキやカヤクグリ，ウソなどの漂鳥，ベニマシコやアトリ，マヒワといった冬鳥が，道路法面で実を付けるヌルデやカラスザンショウに集まる。道幅の狭い林道沿いなので，間近で観察できるのが特徴だ。さらに冬は，この地域に多いヤマビルの心配をせずに歩けるのも魅力の 1 つだ。

〔秋山幸也〕

探鳥環境

ベニマシコ

ミサゴ。湖岸の枯れ木に止まっていたり，魚をつかんで飛んでいたりする

湖岸道路は車の通行量が多いため，湖畔園地やダム堤体付近など駐車場が隣接し，湖面を見渡せる場所でしばらく目を凝らすとよい。早戸川林道は車止めのゲート（宮ヶ瀬水の郷交流館近く）の脇をすりぬけて林道に入り，舗装路をひたすら歩く。途中，汁垂沢（しるたれさわ）や金沢（かねさわ）など大きめの支流の沢付近から湖面を見渡せば，水鳥や猛禽類も期待できる。

鳥情報

季節の鳥／

（春・夏）サンショウクイ，クロツグミ，アカハラ，オオルリ，キビタキ，ミゾゴイ，フクロウ
（冬）オオバン，ミサゴ，ノスリ，オオタカ，オシドリ，マガモ，コガモ，ルリビタキ，ツグミ，アオジ，クロジ，アトリ，マヒワ，ベニマシコ
（通年）カワウ，アオサギ，カワセミ，ヤマセミ，アオゲラ，メジロ，シジュウカラ，ヤマガラなど

撮影ガイド／

湖面は広く距離があるので 500 mm 程度のレンズかデジスコがよい。林道は小鳥が多く，近くで撮影できるものの，しっかり撮影するには長めで明るいレンズがよい。影ややぶが多いので，ISO を上げる必要あり。

問い合わせ先／

国土交通省　関東地方整備局
相模川水系広域ダム管理事務所　Tel: 046-281-6911

メモ・注意点／

- 湖畔園地のクリスマスイルミネーションの時期（12月）は，夕方～夜半に周辺道路が渋滞する。4～10月はヤマビルに注意。宮ヶ瀬湖周辺はどこでも，湿気の多い日や雨上がりなどは落ち葉が堆積した場所に足を踏み入れるとすぐに上ってくる。くるぶしから膝付近まで覆うスポーツ用品のストッキング，あるいはサポーターを着用すると吸血を防げる。

探鳥地情報

【アクセス】

- 車：中央自動車道「相模湖 IC」から約 40 分，東名高速道路「厚木 IC」から約 45 分，圏央道「相模原 IC」から約 20 分
- 電車・バス：小田急線「本厚木駅」から神奈川中央交通バス「宮ヶ瀬」行き終点下車。JR「橋本駅」から同バス「鳥居原ふれあいの館」行き終点下車
バス路線は本数が少ないので注意

【施設・設備】

水とエネルギー館　Tel:046-281-5171
- 開館時間：9：00 ～ 17：00（12 ～ 3 月は 10：00 ～ 16：00）
- 休館日：毎週月曜（祝日の場合は翌日），年末年始（12/29 ～ 1/3）
- 入館料：なし
- 駐車場：あり（無料）
- トイレ：あり
- バリアフリー設備：あり（みんなのトイレ）
- 食事処：館内にレストランあり

【After Birdwatching】

- 鳥居原ふれあいの館：農産物直売型の交流施設でレストランもあり。地元産の新鮮でリーズナブルな野菜を求めて車で訪れる人も多い。（9：00 ～ 17：00，Tel: 042-785-7300）

かながわけんりつつくいこしろやまこうえん

神奈川県立津久井湖城山公園

相模原市緑区　MAPCODE® 251 588 127*46

1 2 3 4 5 6 7 8 9 10 11 12

公園の木々を巡回するアオゲラ

神奈川県北西部に位置し，津久井湖の南側にある城山を中心に公園になっている。園内は津久井湖の北側に位置する「水の苑地」，津久井湖の南側，城山の北側に位置する「花の苑地」，山頂部を中心とした「城山」，南側に位置する「根小屋地区」と別れている。戦国時代は津久井城という山城であり，江戸時代には幕府直轄の御林として管理され，南麓は里山の環境が色濃く残る。面積は 98.6 ha。

津久井湖畔に面する水の苑地と花の苑地は，主に冬季，津久井湖に訪れるホシハジロやオシドリ等のカモ類の観察におすすめである。距離があるので望遠鏡の使用が望ましい。運が良いとミサゴに出会うこともある。

公園南側に位置する根小屋地区は，里山の自然の雰囲気と戦国時代の遺構を残す管理がされており，また一周約 2 km のスロープ状周遊園路が整備されていて散策しやすい。初夏（4 月末～ 5 月ごろ）になるとキビタキ，オオルリが新緑の美しい雑木林に飛来し，ホトトギスやセンダイムシクイ，サンショウクイなどが耳を楽しませてくれる。冬季（12 ～ 2 月）には園路沿いにジョウビタキやルリビタキが陣取り，来園者を楽しませてくれる。また園内各所にカシラダカ，アトリ，ツグミ類，ウソ等が飛来し，冬の公園をにぎやかにしてくれる。また冬季には根小屋地区から見える山頂部の大木にオオタカやノスリなどが止まっていることもある。今までに記録されている鳥類は約 100 種だ。

土日などの休日は公園の利用者でにぎわうため，平日の利用がおすすめ。また公園なので，三脚を用いての長時間待機について餌付け等禁止の規制もあるので，探鳥マナーをしっかりと守って気持ちよく利用したい。

〔清水海渡〕

探鳥環境

新緑に青が映えるオオルリ

公園が広く，地区間が離れているので徒歩移動には時間がかかる。トイレなどはふもとの 3 地区に整備されているが，城山は山頂にあるのみなので，気を付けたい。売店は花の苑地にある津久井湖観光センターを利用するとよい。

鳥情報

季節の鳥／

(夏) キビタキ，オオルリ，センダイムシクイ，コサメビタキ，サンショウクイ，ツバメ

(冬) ツグミ類，ジョウビタキ，ルリビタキ，アトリ，ウソ，カシラダカ，カモ類，カイツブリ類

(通年) カラ類，ヒヨドリ，ムクドリ，セキレイ類，カワウ，キツツキ類

撮影ガイド／

津久井湖畔での撮影は鳥との距離があるので，500 mm 以上のレンズが望ましい。根小屋地区等の里山の鳥なら 300 mm 以上あるとよい。園内は多くの利用者がいるため，三脚での長時間待機はできない。一脚の使用や手持ち撮影がよい。

問い合わせ先／

県立津久井湖城山公園パークセンター
Tel: 042-780-2420

メモ・注意点／

- 三脚での長時間待機はご法度。公園にはパークセンターがあり，季節の情報を提供・展示している。根小屋地区にあるので，公園に来た際は立ち寄りたい。

探鳥地情報

【アクセス】

- 車：横浜方面から国道 16 号橋本駅南入口交差点の先から国道 413 号に入り，津久井方面へ約 30 分。または圏央道「相模原 IC」から相模湖方面へ，東金原交差点右折後，国道 413 号方面へ約 3 分
- 電車・バス：JR 横浜線・相模線，京王線「橋本駅」から神奈川中央交通バス「三ヶ木 (中野経由)」行き「城山高校前」下車，徒歩約 3 分 (水の苑地)。同バス「津久井湖観光センター前」下車，徒歩約 1 分 (花の苑地)，徒歩約 20 分 (根小屋地区)

【施設・設備】

- 開園時間：常時開放 (駐車場 8：00 ～ 19：00，パークセンター 9:00 ～ 17:00)
- 休園日：なし (パークセンターは毎月第 1・第 3 月曜の午前中，年末年始休館)
- 入園料：無料　■駐車場：あり (無料)
- トイレ：あり
- バリアフリー設備：あり (みんなのトイレ，授乳室)
- 食事処：花の苑地にある津久井湖観光センターにて軽食・地元特産品の販売

【After Birdwatching】

- 久保田酒造株式会社：創業 1844 年，丹沢山系の湧水で作った日本酒「相模灘」の製造・販売を行っている。(相模原市緑区根小屋 702，Tel: 042-784-0045)

おおやま

大山

伊勢原市，秦野市，厚木市　MAPCODE® 251 073 453*63（大山山頂）

1 2 3 4 5 6 7 8 9 10 11 12

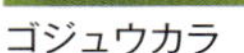

ゴジュウカラ

どこから眺めても二等辺三角形を描く大山の美しい山容は，古くから庶民の信仰の対象とされてきた。標高 1,252 m の山頂には阿夫利神社本社（上社）がおかれ，ここを目指して関東一円に張り巡らされた大山道は，古道として今も名残を残している。

参拝を目的とした登山者はふもとの「大山ケーブル駅」からケーブルカーに乗って阿夫利神社下社まで上がり，そこから片道 90 分の山道を登る場合が多い。しかし，探鳥目的なら，ケーブルカーに乗らず，下社までの男道，または女道を登りたい。山道で男道と言えば急坂で距離が短く，女道はなだらかで距離が長いのが通例だが，大山の場合，どちらもかなりの急斜面となるのでそれなりの覚悟が必要。さらに階段状の山道は段差が大きく，段の並びも不規則なので，足下には細心の注意を払いたい。それでも頑張って登れば夏鳥がにぎやかで，オオルリやエゾムシクイ，ヤブサメなどが高密度でさえずる。

参拝者と登山者が入り乱れて混雑する下社を抜けて，本坂（表参道）を登り，山頂を目指すと，クロツグミやヒガラ，そして遠くに響くツツドリやジュウイチ，アオバトのさえずりによって少し高めの山の気分を味わえる。

秋の終わりから冬にかけてなら，下社までの往復，あるいは下社から少し足を伸ばして見晴台まで歩くと，ウソやクロジ，ゴジュウカラ，ルリビタキ，ヤマガラなどに出会えるかもしれない。真冬から早春にかけて，年によってマヒワやアトリの群れが飛び交うこともある。

〔秋山幸也〕

交通の便がよく，参拝者のほとんどが通る大山ケーブル駅から，こま参道を経て本坂を登るルートをあえて避け，日向薬師から見晴台を経て山頂へ登るコースや，蓑毛（みのげ）から登るコース，そして，登山ルートとしては最も手軽なヤビツ峠からのルートもよい。

鳥情報

季節の鳥／

（春・夏）ジュウイチ，アオバト，オオルリ，キビタキ，エゾムシクイ
（秋・冬）ルリビタキ，ウソ，マヒワ，アトリ，クロジ，アオジ
（通年）オオタカ，ノスリ，ミソサザイ，キセキレイ，シジュウカラ，ヤマガラ，ヒガラ，エナガ，ホオジロ，カケス

撮影ガイド／

どのルートも勾配のある登山道なので，300 mm レンズ程度の軽装備で臨みたい。下社から先は見通しのよい場所があり，上空の猛禽類を狙える。また，登山道沿いは水場も多く，静かに待つと小鳥の水浴びに出会える。水場は例外なく暗いが，ストロボ使用は不自然な画像になるので，ISO を上げておこう。

問い合わせ先／

神奈川県立秦野ビジターセンター
Tel: 0463-87-9300　Fax: 0463-87-9311
開館時間：9:00 ～ 16:30
休館日：月曜（祝日の場合は開館），祝日等の翌日（土・日の場合は開館），年末年始（12 月 29 日～翌年 1 月 3 日），1 ～ 3 月の第 2 木曜（祝日は開館）

メモ・注意点／

- 登山は標高 1,000 m を超えるので，それなりの装備と体力が必要。ヤマビルは登山道を歩く際は心配ないが，春～秋の雨天時は活発になり，晴天時でも登山道を外れると落ち葉の下に潜んでいるので注意。

探鳥地情報

【アクセス】

■車：東名高速道路「厚木 IC」または「秦野中井 IC」から，国道 246 号を経て伊勢原市営大山駐車場（第 1，第 2）へ。春秋の行楽シーズンや神事が行われる日は駐車場待ちの渋滞が起きるので公共交通機関が無難

■電車・バス：小田急線「伊勢原駅」から神奈川中央交通バス「大山ケーブル」行きの終点より徒歩 15 分で「大山ケーブル駅」。ケーブルカーの運行時間は 9:00 ～ 16:30，土日休日は 17:00 まで

【施設・設備】

阿夫利神社下社には休憩スペースや茶屋がある。ケーブルカーの運行時間に合わせて営業

【After Birdwatching】

- 阿夫利神社下社：こま参道沿いや阿夫利神社下社にはたくさんの茶屋やお土産物屋が営業している。名物の大山どうふはプレーンのほか，ゴマやゆずなどもあり，香りの立つ湯豆腐がおすすめ。大山名水を使ったコーヒーも登山の疲れを癒やしてくれる。

阿夫利神社下社

さかわがわかりゅう

酒匂川下流

小田原市　MAPCODE® 57 321 772*13（土木センター入り口交差点）

1 2 3 4 5 6 7 8 9 10 11 12

ササゴイ　（写真：黒河監）

西丹沢を源流に足柄平野を南北に流れる酒匂川は，四季を通じてさまざまな野鳥を楽しむことができる。特に河口から飯泉取水堰まで約 2 km の下流部は，干潟こそないが，アシ原や砂れき地，広い水面と浅瀬，開けたグラウンドといった多様な環境が，多くの野鳥の生活を支えている。

春秋の渡り鳥シーズンにはキアシシギやハマシギ，トウネン，さらにチュウシャクシギやアオアシシギ，ツルシギなど中形以上のシギのほか，ダイゼンやシロチドリ，メダイチドリなどのチドリも多い。数年おきではあるが，ツバメチドリが飛来することもある。

冬はカモ類やカモメ類も豊富で，コガモなどの定番種に加え，水面が広く出る河口部や小田原大橋付近，そして飯泉取水堰のバックウォーターなどにウミアイサやカワアイサが群れている。小形のカモの中にトモエガモやホオジロガモを見つけるのも楽しい。カモメ類は常に複数種が群れているので，識別の練習には都合がよい。猛禽類はミサゴやハヤブサがよく見られるほか，河川敷グラウンド上空にはチョウゲンボウもよく飛んでいて，セキレイなどを狙っている。河口近くに広がるアシ原では，夏にオオヨシキリやセッカが鳴き，冬はオオジュリンが越冬する。

ほかの河川ではあまり見ることのないササゴイが比較的安定して見られるのも酒匂川の特徴だ。夏，東海道線の鉄橋より下流の中州水際やコンクリートブロック付近をよく探すと，じっと水面をのぞき込んでいる姿を見ることができる。　〔秋山幸也〕

探鳥環境

小田原東高校前バス停から堤防へ下りればすぐに河口が広がる。上流側の飯泉取水堰までは約 2km と望遠鏡をかついでゆっくり歩くのにちょうどよい距離だ。酒匂橋西詰付近は，釣り人が草地に付けた踏み跡が小道になって歩ける。何面も連なる河川敷グラウンドの水路際はコンクリートで歩きやすい。

鳥情報

季節の鳥／

（春・秋）コチドリ，シロチドリ，メダイチドリ，キアシシギ，タカブシギ，ハマシギ，チュウシャクシギ，トウネン
（夏）ササゴイ，コアジサシ，オオヨシキリ
（冬）セグロカモメ，ユリカモメ，カモメ，コガモ，トモエガモ，ホオジロガモ，キンクロハジロ，カワアイサ，ウミアイサ，オオバン，オオタカ，ミサゴ，ハヤブサ，アリスイ，アオジ，ジョウビタキ，オオジュリン，アオジ
（通年）カワウ，カイツブリ，ウミネコ，カワセミ，イソヒヨドリなど

撮影ガイド／

川の鳥は距離があるので 500 mm 以上のレンズが必要。晴れていれば明るさに不足は無いので，テレコンの使用やデジスコも便利。河口付近の水位は潮位によって上下するが，干潟は出ないので野鳥の出現状況にあまり影響しない。探鳥ルートに沿ってアシ原がベルト状に広がっていて，特に秋～冬は間近に鳥が潜んでいることがある。茂みの中にいる鳥は，マニュアルフォーカスでないとピントが合いにくい。

メモ・注意点／

- 河川敷内には常時使用できるトイレがない。下流沿線には公共施設もほとんどない。幹線道路沿いのコンビニエンスストアなどを事前にチェックして，飲み物の準備も忘れずに。

探鳥地情報

【アクセス】

- 車：小田原市内から国道 1 号線で河口まで約 10 分。東京方面から西湘バイパス「酒匂 IC」を下りて連歌橋信号を左折，酒匂橋を渡り土木センター入り口信号を右折，終末処理場入口信号の次の信号を右折して住宅地を抜けると堤防に出る。堤防からグラウンド脇に下りる駐車スペースが広くある。ただし，週末はスポーツ広場利用者で混んでいることも多い
- 電車・バス：JR「小田原駅」から箱根登山バス「国府津」行きで「小田原東高校前」下車（乗車 10 分），河口まで徒歩すぐ。小田急線「足柄駅」または伊豆箱根鉄道大雄山線「井細田駅」から飯泉取水堰まで徒歩約 15 分

【After Birdwatching】

- 正栄堂ラスカ店：小田原駅ビルにある。伝統の銘菓「梅太郎」はこし餡を求肥で包み，さらに甘露煮した紫蘇の葉で包んだ小田原の伝統的なお茶菓子。
- 豆の樹珈琲館：小田原駅東口から錦通り入口交差点を右折すぐ。クラシカルな雰囲気の落ち着いた店内でコーヒーとケーキを。奥のフレンチレストランで食事もできる。ランチメニューあり。（11：00 ～ 21：00，水曜定休）

トウネン

はこねせんごくばら

箱根仙石原

足柄下郡箱根町　MAPCODE® 50 569 507*55（環境省箱根ビジターセンター）

1	2	3	4	5	6	7	8	9	10	11	12

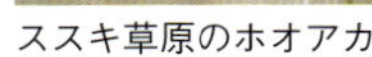
ススキ草原のホオアカ

雄大で多様な地形が織りなす箱根の自然は，どこを切り取ってもすばらしく，いつの季節も美しい。しかし，名だたる国際的な観光地だけに，純粋に探鳥を楽しむには場所や時間帯を選ばないと，観光客の多さに面食らうことになる。箱根にはさまざまなハイキングコースがあり，それらを最新情報とともに紹介してくれるのが，環境省箱根ビジターセンターだ。ここを拠点に探鳥コースを選べば，西は芦ノ湖から仙石原の湿原地帯，東は大涌谷，そしてロープウェーをうまく使って箱根連山の主峰，神山（1,438m）へもアプローチできる。季節や時間帯，体力などによって最適のコースを選ぼう。

春～初夏は，早朝からの探鳥をおすすめしたい。一般観光客の喧噪に悩まされることなく，野鳥の声を楽しめる。芦ノ湖の湖面を見ながら東岸の遊歩道を箱根園まで歩けば，初夏ならオオルリやクロツグミ，センダイムシクイがさえずり，冬は湖岸にヒドリガモなどのカモ類やカワセミ，ヤマセミを見つけられるだろう。仙石原を代表する湿原植物群落は保護されているので立ち入りできないが，その周縁を歩くコースを選べば，春夏にはホオアカやノジコ，秋はノビタキ，冬ならカシラダカやアオジなど草原性の野鳥が四季を通して観察できる。

登山を楽しみながらであれば，バスやロープウェーでアプローチして駒ヶ岳や神山，金時山にチャレンジしたい。ブナ林や深山の雰囲気を味わいながらコルリやコマドリなどのさえずりを楽しめる。〔秋山幸也〕

探鳥環境

神奈川県

ヤマセミ

千条の滝

箱根の大きな道路は，例外なく観光バスやマイカーの交通量が多く，そうした道沿いを歩くのはおすすめできない。また，ゴルフ場やホテルなど利用者以外入れない場所も多いので，ハイキングコースとして紹介されている道沿いを忠実に歩くのが無難だ。週末や夏休み中など観光シーズンにはロープウェーが混みあうので，運行時間に合わせて十分余裕を持った計画を立てたい。

鳥情報

季節の鳥／

(春・夏)カッコウ，ホトトギス，ミソサザイ，オオルリ，キビタキ，センダイムシクイ，クロツグミ，コルリ，コマドリ，ホオアカ

(秋・冬)ハジロカイツブリ，カモ類，ノビタキ，アオジ，クロジ，カシラダカ，アトリ，ベニマシコ，ハギマシコ

(通年)カイツブリ，ヤマドリ，ハイタカ，ノスリ，アカゲラ，カラ類，エナガ，ホオジロ，カケス

撮影ガイド／

芦ノ湖畔や草原は鳥との距離があり，デジスコが便利。登山なら 300 mm レンズなどの軽装備がよい。富士山のビューポイントが数多く，大涌谷など雄大な火山景観や仙石原の湿原植物群落も見逃せないので，広角レンズやコンパクトデジカメでもしっかり残したい。

問い合わせ先／

環境省箱根ビジターセンター
Tel: 0460-84-9981　Fax: 0460-84-5721
http://hakonevc.sunnyday.jp/

メモ・注意点／

- 大涌谷は 2015 年の小規模噴火以降，周辺のハイキングコースなどの一部が立ち入り規制中(箱根ビジターセンターなどが情報を配信)。バスターミナルやロープウェー駅は，曜日や時間帯によって一般観光客が非常に多い。大きな観察機材を運ぶ際は注意。箱根ビジターセンターでは定例観察会を行っている。

探鳥地情報

【アクセス】

環境省箱根ビジターセンター

- 車：(小田原市内から)国道 1 号線を沼津・箱根方面を進み，宮ノ下交差点で国道 138 号線へ入り，仙石原交差点で左折し直進，約 60 分。
  (御殿場市内から)国道 138 号線を箱根・小田原方面を進み，仙石原交差点を右折し直進，約 40 分
- 電車・バス：JR「小田原駅」から箱根登山バス「湖尻・桃源台」行きで「白百合台」下車すぐ(乗車 50 分)。箱根登山線「湯本駅」から同バス(乗車 40 分)

【施設・設備】

環境省箱根ビジターセンター

- 開館時間：9：00 ～ 17：00　年中無休
  (年末年始 12 月 28 日～1 月 1 日，第 2 水曜日とその翌日休館)
- バリアフリー設備：ウォシュレットトイレ完備，車いすの無料貸出，筆談，車いす対応自然観察コース
  箱根の自然情報の窓口として館内の展示や観察会などさまざまなイベントを実施

【After Birdwatching】

- 箱根ジオミュージアム：富士箱根火山の成立や自然を概観できる無料ゾーンのほか，有料ゾーンのジオ・ホールでは大型映像で火山の恩恵と成立などを紹介。隣接する売店では名物の黒たまごがおすすめ。(足柄下郡箱根町仙石原 1251 大涌谷くろたまご館 1F，開館時間：9：00 ～ 16：00，年中無休，天候等により臨時休館あり)

これはオススメ! # 野鳥を鮮明に見るならこの道具

広い視野の双眼鏡で楽々観察が心地よい

ニコン双眼鏡 MONARCH シリーズでワイドに楽しむ

「できるだけ明るくクリアな視界で鳥を見たい」誰もが持つこの思いを高いレベルで実現したのが、対物レンズにEDガラスを採用し、高コントラスト・高解像力を発揮するニコン双眼鏡MONARCHシリーズ。口径42mmで最高光透過率92%の明るさを誇るシリーズ最高峰MONARCH HG。シリーズ最小・最軽量で使いやすいMONARCH 7 30口径モデル。
鳥を視界に捉えやすい広視界MONARCHで、鮮明に楽しく鳥たちとの出会いを堪能して欲しい。

MONARCH 7　30口径モデル

◎色のにじみの原因となる色収差を改善し、クリアな視界を提供するEDレンズ。
◎見掛視界60.3°(8x)/60.7°(10x)の広視界タイプ。
◎グラスファイバー入りポリカーボネイト樹脂を使用した軽量ボディーは、窒素ガス充填の防水仕様でアウトドア環境で活躍するタフ&コンパクトさ。

MONARCH 7　8x30	45,000円(税別)
MONARCH 7 10x30	48,000円(税別)

MONARCH HG

◎色のにじみの原因となる色収差を改善し、クリアな視界を提供するEDレンズ。
◎フィールドフラットナーレンズシステムの採用で、見掛視界60.3°(8x)/62.2°(10x)の広視界全域でシャープ&クリアな像。
◎マグネシウム合金を採用したタフ&スリムなボディー。

MONARCH HG　8x42	115,000円(税別)
MONARCH HG 10x42	120,000円(税別)

Nikon

株式会社 **ニコンビジョン**
株式会社 **ニコン イメージング ジャパン**

URL:http://www.nikon-image.com

ニコン カスタマーサポートセンター
ナビダイヤル 0570-02-8000

各都県の鳥②

文：神戸宇孝（ヤマドリを除く）
写真：叶内拓哉

群馬県の鳥　ヤマドリ

- **キジ目キジ科**
- **学名：***Syrmaticus soemmerringii*
- **英名：**Copper Pheasant
- **全長：**雄 125cm，雌 55cm
- **生息環境：**山地の森林，藪地に生息し，渓流周辺のスギやヒノキからなる針葉樹林やシダ植物が繁茂した環境を好む。
- **生息域：**日本の固有種であり，本州，四国，九州に生息する。
- **選定理由：**日本だけにすむキジ科の鳥だが，群馬県では他県よりも広範囲に生息している。昭和 38 年 4 月に指定。

栃木県の鳥　オオルリ

- **スズメ目ヒタキ科**
- **学名：***Cyanoptila cyanomelana*
- **英名：**Blue-and-white Flycatcher
- **全長：**16cm
- **生息環境：**山地や丘陵，林の中の湖のほとりや，牧場と林の境などに生息する。渡りの時期には市街地の公園でも観察される。
- **生息域：**日本では夏鳥として 4 月下旬ごろ渡来し，10 月ごろまで見られる。全国各地（南西諸島を除く）で繁殖する。
- **選定理由：**日本三大鳴鳥に数えられる渡り鳥。栃木県では 5 月ごろ南方から渡ってきて，10 月初めごろまで日光・塩原・那須などの渓谷で見られる。

茨城県の鳥　ヒバリ

- **スズメ目ヒバリ科**　**学名：***Alauda arvensis*
- **英名：**Eurasian Skylark　**全長：**17cm
- **生息環境：**主に開けた草地や河原，田畑。
- **生息域：**日本全国に周年分布する。多雪地域の個体は冬季に南下する。
- **選定理由：**ヒバリは「麦畑の雲雀」といわれるように，日本一の麦作県※である茨城の環境に調和し，県民に親しまれている。天高く舞う春の天使，その歌うさまはのどかな中にも希望をわかせる力強さがあることから，1965 年 11 月 3 日に指定。

※ 1965 年当時と思われる。2015 年のデータでは生産量は全国第 6 位（「平成 27 年度産 4 麦の収穫量」 農林水産省）。

にゅうこ

丹生湖

富岡市　MAPCODE® 247 609 868*58

1 2 3 4 5 6 7 8 9 10 11 12

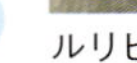

ルリビタキ雄

富岡市西部にあり，灌漑治水を目的に造成された人造湖。長さ 350 m 程度のダム堰堤上を含め，湖を周回する約 4 km の道路が整備されている。北面は丘陵が迫り，周回道路沿いには桜も植樹されている。湖畔には，菖蒲が咲くミニビオトープや谷戸など，野鳥が好む場所が随所にある。妙義山にも近く，高山や北方へ向かう夏鳥の中継地となっているほか，冬季でもほとんど降雪がないため，漂鳥や冬鳥の越冬にも好条件な環境である。

通過する夏鳥として，ツツドリ，エゾムシクイ，センダイムシクイ，コムクドリ，クロツグミ，コサメビタキ，オオルリ，イカル，クロジなどが観察できるが，特に渡りの時期には，何がいても不思議ではない，珍鳥出現の可能性も秘めている。ゴイサギ，ホトトギス，オオヨシキリ，キビタキは滞在する個体も見られる。

冬鳥はミソサザイ，ルリビタキ，ベニマシコ，カシラダカなどが例年見られ，ウソも期待できる。過去には 3 月にイスカが出現した記録もある。水鳥ではホシハジロ，キンクロハジロといった潜水ガモが越冬しているほか，オカヨシガモやヨシガモが入ることもある。また，カンムリカイツブリやハジロカイツブリが見られることもある。

通年見られるのは，ほぼ常連といえるカワセミ，キツツキ類，カラ類，エナガ，メジロ，セキレイ類，ホオジロなど。運がよければ猛禽類とも出会えるだろう。〔田澤一郎〕

群馬県

探鳥環境

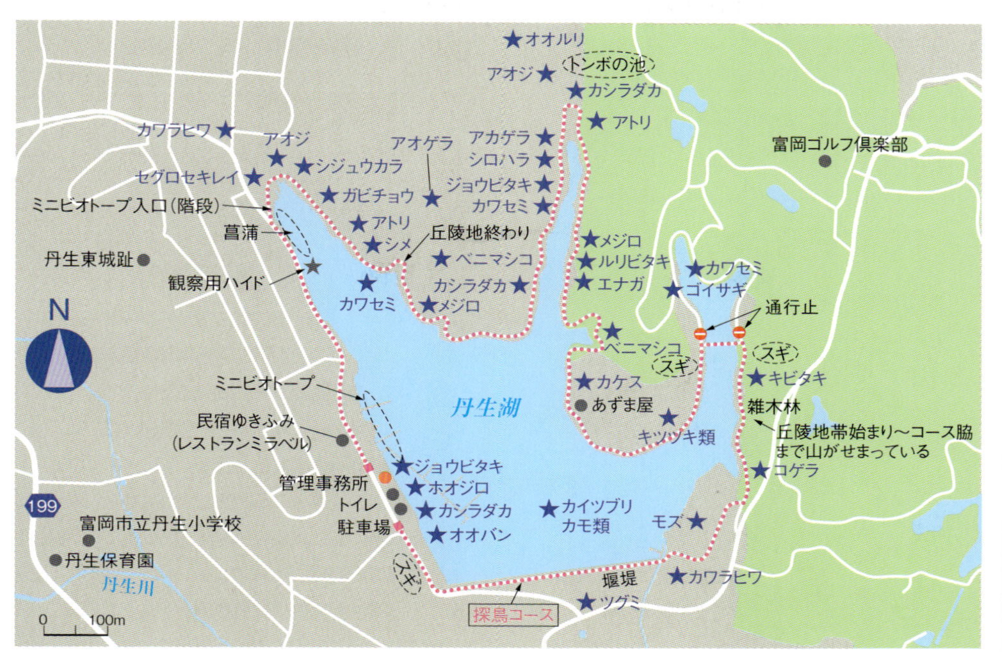

駐車場と管理事務所のある場所から湖を一周する周回道路に沿って歩く。北側の丘陵地では小鳥類を観察しながら進み，ミニビオトープやハイドなどがある西側や，堰堤のある南側では水鳥観察を主体にするとよい。

鳥情報

季節の鳥／

（夏）ゴイサギ，ホトトギス，カッコウ，ツツドリ，エゾムシクイ，センダイムシクイ，オオヨシキリ，コムクドリ，クロツグミ，コサメビタキ，キビタキ，オオルリ，イカル，クロジ
（冬）アカゲラ，アオゲラ，カケス，ミソサザイ，ツグミ，ルリビタキ，ジョウビタキ，ベニマシコ，ウソ，カシラダカ，アオジ
（通年）カワセミ，コゲラ，モズ，ヤマガラ，シジュウカラ，ウグイス，エナガ，メジロ，ハクセキレイ，セグロセキレイ，カワラヒワ，ホオジロ

撮影ガイド／

ほとんどの場所で三脚の使用も可能。それほど広い湖ではないので，超望遠レンズがなくても十分楽しめる。

メモ・注意点／

- 湖畔の周回道路は，地元の人の散歩コースにもなっており，付近には民家もあるので，迷惑のかからない行動を心がけたい。コースの一部はゴルフ場と隣接しているので，流れ球に注意。
- 日本野鳥の会群馬では1，3，5，7，9月に探鳥会を開催している。
  日本野鳥の会群馬
  Tel: 027-325-5211（月～金曜　10：00～16：00）
  http://www.wbsj-gunma.org

探鳥地情報

【アクセス】

- 車：上信越自動車道「富岡 IC」から約 15 分

【施設・設備】

- 駐車場：あり（無料）
- トイレ：あり
- バリアフリー設備：なし
- 食事処：湖畔に「レストランミラベル」があるほか，「富岡 IC」から現地までの国道，県道沿いに飲食店やコンビニが多数ある

【After Birdwatching】

- 一之宮貫前神社（いちのみやぬきさきじんじゃ）：江戸時代初期に造営された本殿や拝殿などが重要文化財指定されている。また，神社を起点・終点とした日本野鳥の会群馬主催の探鳥会も開催（6・8・10・12 月）されている。
- 群馬県立自然史博物館：鳥の標本やジオラマ展示された恐竜などを見学できる。

湖畔にあるミニビオトープ

ぐんまけんりついかほしんりんこうえん

群馬県立伊香保森林公園

渋川市　 94 845 145*14

1 2 3 4 5 6 7 8 9 10 11 12

キビタキ　（写真：飯塚博文）

伊香保森林公園は榛名山の東に位置する二ツ岳を中心に広がる公園で，複数の遊歩道・登山道が整備されており，時間と脚力でコースを選ぶことができる。公園管理棟から徒歩200mほどにある「もみじの広場」や，車道を歩き「つつじの丘」に向かうコースであればスニーカー程度の靴で十分だが，森林に入るコースは高低差もあり，石や岩があるため軽登山靴が必要になる。健脚の人なら，二ツ岳を目指してもいいだろう。

舗装された緩やかなスロープの歩道がある「もみじの広場」へのコースは，車椅子でも無理なく通行することができる。「もみじの広場」はベンチも設置されており，座っているだけでもバードウォチングが楽しめる場所だ。春先から初夏（3～7月）には，コルリ，オオルリ，キビタキ，センダイムシクイ，クロツグミなどが見られ，5月中旬以降には，上空からジュウイチ，ツツドリ，ホトトギス，カッコウの声も聞こえてくる。

「オンマ谷」ではコマドリの声が響き，「むし湯跡」から「もみじ広場」にかけてのコース沿いではミソサザイの声がよく聞こえるほか，姿も見ることができる。見晴らしのいい「つつじの丘」や「つつじが峰」では，飛翔するオオタカやハイタカ，ノスリを目にする。

シジュウカラ，ヤマガラ，コガラ，ヒガラなどのカラ類，コゲラ，アカゲラ，アオゲラといったキツツキ類は，年間を通じて見ることができる。

車利用の場合，積雪・凍結がある山岳道路を走ることになるため，冬季はチェーンなどの装備が必要。運転に自信がなければ，冬は避けたほうがよい。　〔飯塚 浩〕

探鳥環境

群馬県

初夏，美声を
聞かせてくれる
クロツグミ
（写真：飯塚博文）

公園管理棟から車道を「つつじが丘」まで歩き，「つつじの峰」～「むし湯跡」～「もみじ広場」と回る，2 時間程度のコースがおすすめ。コース上での撮影は，樹木の葉が茂る 5 月上旬までと，落葉する 10 月中旬以降が適している

鳥情報

季節の鳥／

（春・夏）コルリ，オオルリ，キビタキ，センダイムシクイ，クロツグミ，アカハラ，コマドリ，ミソサザイ，アオジ，ビンズイ，ジュウイチ，ツツドリ，ホトトギス，カッコウ
（秋・冬）ツグミ，アトリ，マヒワ，シメ，ベニマシコ，ルリビタキ，カシラダカ，ミヤマホジロ
（通年）オオタカ，ハイタカ，ノスリ，シジュウカラ，ヤマガラ，コガラ，ヒガラ，ゴジュウガラ，コゲラ，アカゲラ，アオゲラ，ヤマドリ，ホオジロ，カケス，イカル，キジ

撮影ガイド／

森林公園内の唯一の水場通称「シダの池」では，鳥との距離が 20 m 程度あるので，大きく撮るには 800 mm 以上の望遠レンズと三脚が必要。また，遊歩道でも野鳥が近くに来ることがあり，300～400 mm 程度のレンズで撮影できる場合もある。

問い合わせ先／

群馬県立伊香保森林公園 管理棟
群馬県渋川市伊香保町伊香保 999 番地 9
Tel: 0279-72-5210
http://www.city.shibukawa.lg.jp/kankou/outdoor/park/p000231.html

メモ・注意点／

- シダの池は野鳥たちの貴重な水飲みや水浴び，羽づくろいなどの場所であり，近づこうと柵を乗り越えるようなことは絶対にしないように。
- 例年，日本野鳥の会群馬主催の探鳥会が，バードウィーク期間の 5 月第二日曜に実施されている。

探鳥地情報

【アクセス】

■車：関越自動車道「渋川伊香保 IC」から約 30 分。インターから伊香保温泉方面へ向かい，温泉街を過ぎて榛名山へ続く伊香保榛名道路をしばらく走ると，県立伊香保森林公園の案内板が見えてくるので，案内に従って左折し道なりに進むと公園管理棟に出る

【施設・設備】

■駐車場：あり（無料）。管理棟の手前の道路沿いのほか，その先に大駐車場がある
■トイレ：管理棟やつつじが丘，大駐車場などにあり
■バリアフリー設備：身障者用のトイレあり
■食事処：伊香保温泉街に飲食店，コンビニエンスストアがある

【After Birdwatching】

- 伊香保温泉のホテル・旅館では，宿泊もちろん日帰り入浴ができるところも多い。また榛名湖まで足を伸ばせば，湖畔や榛名富士などの散策を楽しめる。

探鳥コースの起点となる公園管理棟には休憩所やトイレが併設されている

群馬県

かんのんやま

観音山

高崎市　MAPCODE® 94 252 793*00

1 2 3 4 5 6 7 8 9 10 11 12

  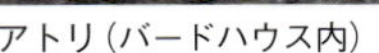

アトリ（バードハウス内）

観音さまと呼ばれ親しまれている「高崎白衣大観音」は，烏川にほど近い丘陵上にある。高崎市街と隣接し，周辺に観光施設も多いことから，年間を通して多くの参拝客がやってくる。古くから親しまれてきた探鳥地でもあり，里山らしい環境もよく残されている。観音山の森はほとんどが常緑樹のため，一部見通しが悪いところもあるが，鳥との距離は比較的近く，年間を通してアオゲラ，アカゲラなどのキツツキ類，カラ類やウグイスなどを見ることができる。

白衣大観音の足元にある「観音山バードハウス」には小さなサンクチュアリがあり，冬季にはクロジ，アトリ，アオジなどがやってくる。バードハウス奥にある「野鳥の森」は，里山の自然の中を歩く探鳥コースで，冬季はアトリ，キクイタダキ，ミヤマホオジロなどが期待でき，夏季はオオルリやキビタキのほか，年によってはニュウナイスズメ，コムクドリ，コサメビタキの姿を見るこもある。

隣接する「高崎市染料植物園」とセットでまわるとよいだろう。染料植物園の園内は見通しもよく，特に冬はシメ，ホオジロ，ジョウビタキなどのほか，オオタカやノスリなどの猛禽類も期待できる。

白衣大観音は参拝客が多いため，探鳥は午前中がおすすめ。また正月期間は，近くの護國神社にも数多くの初詣客が訪れるので，観音山一帯が混雑する。この期間は避けたほうが無難。

〔土屋 等〕

探鳥環境

歩道は舗装され歩きやすい

コース途中にあるひびきばし

白衣大観音の側にある観音山バードハウス

染料植物園を一周したら，遊歩道に入りひびき橋を目指す。途中は気持ちのいい木道。白衣大観音へ続く参道へ出たら左へ向かい，太鼓橋下の坂道を下り，左折するとバードハウスがある。余裕があれば野鳥の森を周り，車道を歩いて染料植物園へ戻るとよい。

鳥情報

季節の鳥／

（夏季）オオルリ，キビタキ，サンコウチョウ
（冬季）ジョウビタキ，ルリビタキ，シロハラ，ベニマシコ，シメ
（通年）ウグイス，カラ類，アオゲラ，アカゲラ

問い合わせ先／

観音山バードハウス
10：00～15：00（土日・祝日のみ）
Tel: 027-322-5462

メモ・注意点／

- 歩道もよく整備され，総じて歩きやすい探鳥地だが，一部車道を歩くので車の往来に注意。三脚は通行の妨げにならない場所に設置しよう。
- 日本野鳥の会群馬による観音山探鳥会が，10～6月の第一日曜に開催されている。染料植物園駐車場から開始となっている。（午前8：00～）

バードハウス内の様子

探鳥地情報

【アクセス】

- 車：関越自動車道「高崎 IC」から約 15 分

【施設・設備】

- 駐車場：染料植物園駐車場（無料）
- トイレ：あり（染料植物園，白衣大観音下，バードハウス）
- バリアフリー設備：バードハウス内
- 食事処：一路堂 café（慈眼院敷地内），そばっ喰ひ（高崎市陶芸そば）など

【After Birdwatching】

- 染色工芸館（染料植物園内）：染織品が展示されているほか，草木染や藍染の講習会なども開催している。（9：00～16：30，月曜休館，Tel: 027-328-6808，入館料：一般 100 円）
- 洞窟観音（山徳記念館）：手掘りのトンネル内に多数の観音像が祀られている。（入館料：800 円）

シメ（バードハウス内）

こうしんやまそうごうこうえん

庚申山総合公園

藤岡市

20 218 623*42

1 2 3 4 5 6 7 8 9 10 11 12

たぬき池付近に現れたルリビタキ

庚申山総合公園は藤岡市街に近く，雑木林，アカマツ林，ヒノキ植林地などに囲まれた緑豊かな公園だ。園内にアスレチック広場，ミニ動物園，ミニ遊園地，テニスコート，市民体育館などがあるほか，庚申山を中心に遊歩道が整備されており，散歩やウォーキングを楽しむ市民も多い。探鳥コースは，谷間にある２つの池（ひょうたん池，だるま池）とせまい湿地（たぬき池）がメインとなる。

これまでに外来種を含め114種の野鳥が記録されているが，観察に適しているのは秋～春で，特に冬鳥の渡来時期には鳥たちを間近で見ることができる。たぬき池とだるま池付近では，ベニマシコ，ルリビタキ，ミヤマホオジロ，シロハラ，カシラダカ，アオジ，クロジ，カヤクグリなどが歩道上やツツジの植え込みなどで見られるだろう。ひょうたん池とだるま池ではカワセミやカモ類も観察できる。このほか，市民体育館周辺ではビンズイやアトリ，庚申山山頂付近ではキクイタダキやウソなどと出会えるだろう。なお，年によってはトラツグミ，アオバト，ゴジュウカラなどの姿を見ることもある。また，上空を注意していれば，オオタカやハイタカ，ハヤブサ類が飛翔していることもある。

それ以外の季節では，９～10月にはコサメビタキ，サメビタキ，エゾビタキ，４～５月はオオルリ，キビタキ，クロツグミ，センダイムシクイといった夏鳥が立ち寄っていく。

〔浅川千佳夫〕

探鳥環境

群馬県

多目的広場南側にある駐車場は広くトイレもある。ひょうたん池に向かって歩き，たぬき池までの周辺をゆっくり観察して回るのが一般的な探鳥ルート。展望台や，ちょっと標高差はあるが,「ふじの咲く丘」から庚申山頂上（189.4m）へ登るルートもおもしろい。

鳥情報

季節の鳥／

（春）ホトトギス，センダイムシクイ，クロツグミ，アカハラ，キビタキ，オオルリ

（秋～春）キクイタダキ，ヒガラ，ミソサザイ，トラツグミ，シロハラ，ルリビタキ，ジョウビタキ，カヤクグリ，ビンズイ，アトリ，ベニマシコ，ウソ，シメ，カシラダカ，ミヤマホオジロ，アオジ，クロジ，マガモ，カルガモ，コガモ

（通年）オオタカ，カワセミ，コゲラ，アカゲラ，アオゲラ

問い合わせ先／

藤岡市観光協会　Tel: 0274－22－1211

メモ・注意点／

- 散歩する人が多いため，通行の妨げにならないよう道の端で観察しよう。野鳥撮影はともすると夢中になりすぎるため特に注意。当地で開催される探鳥会については，日本野鳥の会群馬のホームページ（137ページ）を参照のこと。

探鳥地情報

【アクセス】

■車：上信越自動車道「吉井 IC」から，国道 254 号線を寄居方面へ向かう。「藤の丘トンネル西」の信号を右折すれば「ふじの咲く丘」へ，その先の藤の丘トンネルを出てすぐの信号「藤の丘トンネル東」を右折すれば「ひょうたん池」へ，その次の信号を右折すれば「庚申山総合公園」へ出られる

【施設・設備】

■駐車場：「ふじの咲く丘」,「ひょうたん池」,「庚申山総合公園」（多目的広場）それぞれにあり（無料）

【After Birdwatching】

- 「ふじの咲く丘」には市の花ふじが多数植えられている。見ごろとなる 4 月下旬～ 5 月上旬には「藤岡ふじまつり」が開催され，多数の見物客が訪れる。

クロジも冬になるとよく観察される

さかいおんたけやましぜんのもりこうえん

境御嶽山自然の森公園

伊勢崎市　MAPCODE® 20 387 748*10

1 2 3 4 5 6 7 8 9 10 11 12

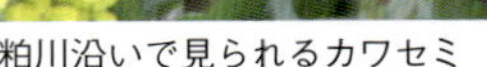

粕川沿いで見られるカワセミ

伊勢崎市の南東部に位置する御嶽山自然の森公園は，山と呼ぶには少し抵抗がありそうな標高 50 m ほどの丘だが，山頂には二等三角点があり，地理上はれっきとした山である。周辺に森や林はなく，小さな森は陸の孤島のように見える。粕川と広瀬川の合流点でもあるため，地形変化に富み，四季を通してさまざまな野鳥を観察することができる。これまでに記録された鳥は 152 種（2001～2016 年）ほどである。

冬季の粕川にはヨシガモが毎年飛来，広瀬川の中洲にはイソシギ，クサシギ，イカルチドリなどが観察でき，12 ～ 2 月にはタゲリも数羽確認できる。

川の近くにある鉄塔では猛禽類が周年観察され，特にオオタカとノスリの頻度が高く，ときにはハヤブサも出現する。また，水辺ではカワセミが周年見られ，繁殖期には巣が確認されることもある。粕川沿いには良好な撮影スポットがあるため，カワセミ狙いのカメラマンの姿をよく見る。

梅雨時は川の水位が上がるので，中洲のシギ・チドリ類は期待できなくなるが，利根川との合流点まで 4 km ほどと近く，コアジサシやセグロカモメが広瀬川まで遡ってくることがある。

冬は上州名物の空っ風が吹くため，天気予報でその日の「風の強さ」を確認してから訪れるとよい。

〔大塚高明〕

群馬県

探鳥環境

ノスリも冬の常連

冬の公園内ではツグミの姿をよく見る

自然の森公園内の森を探索した後，粕川に抜けて下流へ向かい，広瀬川合流地点へ。そこから中洲のシギチを観察しながらさらに下流の武士橋を目指す。武士橋では春にイワツバメが観察できる。橋を渡り左岸の土手を上流の豊東橋まで進む。広瀬川沿いの遊歩道を行くと合流点（対岸）へ出る。粕川沿いの遊歩道を上流へ向かい，粕川橋を渡ると自然の森公園へと戻る。

鳥情報

季節の鳥／

（春）オオルリ，キビタキ，コサメビタキ，サンショウクイ（通過）
（夏）オオヨシキリ，ツバメ，イワツバメ，コチドリ
（秋）コサメビタキ，キビタキ（通過）
（冬）アカゲラ，アオゲラ，イカルチドリ，クサシギ，タゲリ，ヨシガモ，オカヨシガモ，コガモ，マガモ，イカルチドリ，ジョウビタキ，アオジ，キセキレイ
（通年）カワセミ，オオタカ，ノスリ，チョウゲンボウ，キジ

撮影ガイド／

猛禽は近くの鉄塔に現れるため，500 mm 以上のレンズと三脚が必要。タゲリの撮影は左岸からでは逆光となるため，午前中早めの時間がおすすめ。木々が込み合う森の中は枝かぶりが気になるが，猛禽類が営巣したときに，撮影に邪魔だと枝を切り落とすカメラマンがおり，托卵を放棄されてしまった。写真撮影はマナーを守って行いたい。

メモ・注意点／

- 公園内の遊歩道は散歩やジョギングの人が通るため，通行の妨げにならないように観察したい。日曜午前中の遊歩道は，付近の学校の児童・生徒がランニングなどトレーニングの場として利用することもある。
- 日本野鳥の会群馬の探鳥会が 1，3，5，7，10 月の第 4 日曜に開催されている。

探鳥地情報

【アクセス】

- 車：関越自動車道「本庄児玉 IC」より約 25 分。北関東自動車道「伊勢崎 IC」より約 30 分
- 電車：東武伊勢崎線「剛志駅」から徒歩約 35 分

【施設・設備】

- トイレ：公園駐車場と境プール裏の運動場脇にあり

【After Birdwatching】

- 「富岡製糸場と絹産業遺産群」の構成資産として世界遺産に登録された「田島弥平旧宅」が近くにある（車で約 20 分）。ただし，現在も居住者がいるため内部の見学はできない。

春と秋の渡り時期には，林内でキビタキの姿を見る

クサシギ。冬の広瀬川で見られる鳥の1つ

かなやまそうごうこうえんぐんまこどものくに

金山総合公園ぐんまこどもの国

太田市　 34 524 610*78

1 2 3 4 5 6 7 8 9 10 11 12

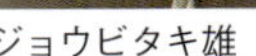

ジョウビタキ雄

関東平野の端にポツンと立っているような姿の金山は，標高わずか235mの里山だが，渡りの中継地として多くの鳥が立ち寄り，これまでに150種以上の記録がある。その金山のふもとに位置するのが，金山総合公園ぐんまこどもの国である。園内には屋外遊具や学習施設があり，春や秋には多くの家族連れでにぎわう。

めざす探鳥スポットは，そのにぎわいを通り過ぎた先にあるため池や湿生植物園，それらを囲む雑木林だ。もともとは里山だった場所に造成された公園のため，野鳥の生息域となるこうした場所が残されているのである。

通年見られるのは，メジロ，シジュウカラ，ヤマガラ，コゲラ，アオゲラ，エナガ，カワセミ，カイツブリといったところ。3月から初夏にかけては，センダイムシクイ，キビタキ，オオルリ，ホトトギスなどが観察できる。過去にはサンコウチョウも何度か記録されており，運がよければ出会えるかもしれない。

10月にはエゾビタキやコサメビタキなどが渡りの途中に立ち寄る。カケスが山から降りて来るのもこの時期で，ヒラヒラと飛ぶ渡りの群れをよく見かけるようになる。

種類がぐっと増えるのは冬である。ジョウビタキ，アオジ，カシラダカ，シロハラ，ルリビタキ，ベニマシコ，マガモ，コガモなどが毎年見られるほか，数は少ないが，近年はオシドリやキンクロハジロなども確認されている。上空に目を移せば，オオタカやノスリが飛んでいることも多々あり，特にカラスが騒ぎ出すとその先にタカがいる可能性があるので，注意したい。

〔石松喜代司〕

群馬県

探鳥環境

野鳥の森に設置された案内板

探鳥スポットであるため池とその周囲の雑木林へは，「ふれあい工房」をめざして公園奥へ進む。園内には指導標や案内板が完備されているので迷うことはない。2 時間もあればじっくり観察できる。トイレは公園内の各施設付近に数か所にある。

鳥情報

季節の鳥／

(春・初夏) センダイムシクイ，キビタキ，ホトトギス，ツツドリ

(秋・冬) エゾビタキ，カケス，ジョウビタキ，ルリビタキ，マガモ，アカゲラ

(通年) カワセミ , メジロ，ヤマガラ，エナガ，アオゲラ

問い合わせ先／

金山総合公園管理事務所
Tel: 0276-22-1448
http://gunma-kodomonokuni.jp

メモ・注意点／

- 駐車場の収容台数は多く，連休など特に人出が多い時期を除けば，不便を感じることは少ない。駐車場の混雑予測はぐんまこどもの国の公式ホームページ (http://www.gunma-kodomonokuni.jp/) で確認できる。混雑時は公園に通じる道路が渋滞することがあるので，春から秋の行楽シーズンの休日などは早朝に訪問することをおすすめしたい。

探鳥地情報

【アクセス】

- 車：国道 407 号太田市東本町から約 10 分。北関東自動車道「太田藪塚 IC」から約 20 分
- 電車：東武桐生線「三枚橋駅」から徒歩約 30 分

【施設・設備】

- 開園時間：7：00 ～ 17：00
- 駐車場：あり (無料)。開園時間のみ利用可。
- 食事：レストハウスで軽食がとれる（開園時のみ）

【After Birdwatching】

- 金山城址：関東七名城の 1 つで，戦国時代に造られた山城。当時の面影を残す石垣などを見ることができる。
- 大光院（子育て呑竜様）：1613 年，徳川家康が創建。大阪城落城の日に落成したと伝わる吉祥門は市指定文化財となっている。

冬のため池の常連であるマガモ

ぐんまけんりつたたらぬまこうえん

群馬県立多々良沼公園

館林市，邑楽郡邑楽町

64 300 470*40

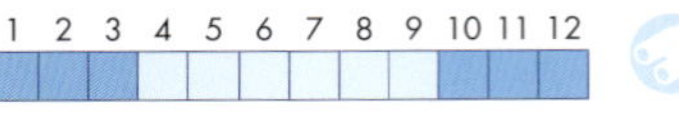

オオハクチョウ　（写真：太田 進）

渡良瀬川と利根川に挟まれた館林地域には大小の沼があり，中でも約 80 ha の面積がある多々良沼は，ハクチョウの飛来地として知られ，地元の人々からも親しまれている。2015 年には，沼を周回する遊歩道や各所に駐車場・トイレ等の整備が完了し，市民の新たな憩いの場として多くの人が訪れるようになった。

多々良沼は主に農業用水として利用されている関係で，10 月には水位が下げられるが，比較的水深のある沼の北東部では，カモ類やカイツブリの仲間などが観察できる。水深が浅くなる沼の南西部側では，ハクチョウ，オオバン，チドリ類などが食物をついばむ様子が見られる。沼の西側はアシ原が広がり，ここではホオジロなどが見られるほか，8 ～ 9 月にはツバメの大群がここをねぐらとしており，「ツバメのねぐら入り」も見られる。アシ原の西にあるガバ沼は，カモ類やハクチョウを比較的近くから観察できるポイントだ。また，多々良沼の周囲の松林や屋敷林ではカラ類やキツツキ類などが見られる。沼の上空には，魚を狙うミサゴやカモメ，カモ類などを狙うタカの姿も見られる。

周回する歩道は道幅が広く，車の心配なく安心して観察することができるが，釣りやウォーキングなどの目的で訪れている人も多く，通行の支障にならないように配慮したい。また，歩道を外れて沼や田畑に入らないように注意して観察したい。〔太田 進・金谷道行〕

写真：太田 進

多々良沼は場所によって異なった水辺環境をもつが，それらをつないで沼を周回する遊歩道（1周 5.7 km）がある。各所に駐車場があり，車利用の場合，それらの駐車場を起点に目当ての鳥がいる場所まで向かえば移動距離が少なくてすむ。夕陽の小径は沼を前に富士山や夕日が望めるビューポイントだ。

鳥情報

季節の鳥／

(夏)オオヨシキリ，コチドリ，コアジサシ，ツバメのねぐら入り
(秋)アオアシシギ，オジロトウネン，ハマシギ，ツルシギ
(冬)コハクチョウ，オオハクチョウ，オナガガモ，マガモ，ミコアイサ，カンムリカイツブリ，セグロカモメ，ミヤマガラス
(通年)カルガモ，カイツブリ，カワウ，アオサギ，ダイサギ，オオバン，カワセミ，シジュウカラ，ハクセキレイ，カワラヒワ，ホオジロ

撮影ガイド／

水面のカイツブリやミコアイサなどは遊歩道から遠くなるので，500 mm 以上の望遠レンズが望ましい。ハクチョウなどは比較的近くで観察できるが，望遠レンズは必要。

問い合わせ先／

県立多々良沼公園は群馬県館林土木事務所が，浮島弁財天に近い駐車場から岬にかけた邑楽町多々良沼公園は邑楽町が管理している。
群馬県館林土木事務所　Tel: 0276-72-4355
邑楽町都市建設課　Tel: 0276-47-5029

メモ・注意点／

- 日本野鳥の会群馬による探鳥会が年3回開催されている。詳しくはホームページ（137 ページ）を参照。
- 「ようこそ多々良沼へ」http://www.sky.sannet.ne.jp/hayashi374/index.html では，多々良沼で活動する団体や沼の歴史なども紹介している。

探鳥地情報

【アクセス】

- 車：東北自動車道「館林 IC」から約 30 分。北関東自動車道「太田桐生 IC」,「足利 IC」からそれぞれ約 30 分。
- 電車：東武伊勢崎線「多々良駅」から「野鳥観察棟」まで 1.5 km（徒歩約 20 分）。東武小泉線「成島駅」から「ボランティアセンター」まで 1.3 km（徒歩約 15 分）
- バス：東武伊勢崎線「館林駅」から多々良巡回線に乗り，「障がい者総合支援センター前」下車。多々良沼公園まで徒歩約 2 分。

（バス時刻表は館林市ホームページを参照のこと）

【施設・設備】

- 駐車場：あり（無料）
- トイレ：あり
- バリアフリー設備：あり（身障者用トイレ）
- 食事処：なし（近隣に蕎麦店あり）

【After Birdwatching】

- 群馬県立館林美術館：動物彫刻家として知られるフランソワ・ポンポンのコレクションが展示されている。「野鳥観察棟」から「美術館駐車場」まで，車で約 4 分。http://www.gmat.pref.gunma.jp/

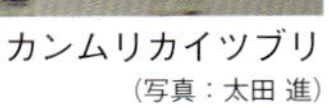
カンムリカイツブリ
（写真：太田 進）

じょうぬま

城沼

館林市　MAPCODE® 64 246 810*00

1 2 3 4 5 6 7 8 9 10 11 12

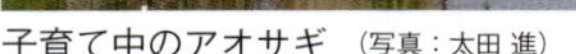

子育て中のアオサギ（写真：太田 進）

関東地方のほぼ中央に位置する館林市にある城沼は周囲約 8 km，水深約 1.8 m，面積約 50 ha の細長い形をした沼で，渡良瀬川と利根川に挟まれた東毛池沼群と呼ばれる中の 1 つ。冬は岸から日光の男体山や白根山が望め，3 月には渡良瀬遊水地で行われるヨシ焼きの煙も見られる。

市街地にありながら，サクラやケヤキといった樹木が多く，沼の周囲には山野の鳥たちが数多く生息している。大きな樹木の上ではアオサギやゴイサギが営巣していることもある。また，オカヨシガモ，ハシビロガモ，オナガガモ，コガモ，ホシハジロ，ミコアイサといったカモ類や，コハクチョウ，カンムリカイツブリの越冬地でもあり，冬には 50 種近くの鳥が観察できる。スコープがあれば水鳥観察もより楽しめるだろう。

年間を通して野鳥観察が楽しめ，初夏になるとコアジサシが現れ，ハスが湖面を覆うころにはカイツブリやオオバンなどの子育てシーンが観察できる。北岸のアシ原では，初夏にはオオヨシキリが見られ，冬になるとオオジュリン，カシラダカ，モズのほか，タシギと出会うこともある。ただし，城沼は水位があるため，シギ・チドリ類はほとんど見られない。澄んだ冬空の下にオオタカやトビなどの猛禽類やセグロカモメが飛んでいることもある。

江戸時代からのツツジの名所「つつじが岡公園」をはじめ，湖畔に沿って続く桜並木や，夏の花菖蒲，花蓮など，花見と合わせてバードウォッチングを楽しむことができるのも，城沼の大きな魅力である。

〔野口由美子〕

写真：太田 進

探鳥環境

バン
（写真：太田 進）

尾曳稲荷神社の駐車場からスタートし，神社裏手から沼に沿った遊歩道を進んで尾曳橋を渡り，つつじが岡公園の沼沿いに桜橋まで歩くルートが，一般的なコース。

こども科学館と尾曳稲荷神社を望む
（写真：太田 進）

鳥情報

季節の鳥／

（春・秋）カイツブリ，カワウ，ゴイサギ，アオサギ，ダイサギ，チュウサギ，コサギ，オオバン，ツツドリ，トビ，ツミ，オオタカ，カワセミ，コゲラ，モズ，オナガ，シジュウカラ，ショウドウツバメ，ツバメ，ウグイス，セッカ，ジョウビタキ，オオヨシキリ，ハクセキレイ，セグロセキレイ，アトリ，カワラヒワ，ホオジロ，カシラダカ，アオジ
（初夏）コアジサシ，ゴイサギ，オオヨシキリ
（初冬）セグロカモメ，オオジュリン
（冬）キジ，オオハクチョウ，コハクチョウ，オカヨシガモ，マガモ，カルガモ，ハシビロガモ，オナガガモ，コガモ，ホシハジロ，キンクロハジロ，ミコアイサ，カンムリカイツブリ，アオサギ，ダイサギ，コサギ，バン，クイナ，カワセミ，タシギ，セグロカモメ，トビ，ノスリ，オオタカ，コゲラ，モズ，ミヤマガラス，コクマルガラス，シジュウカラ，ヒヨドリ，ツグミ，メジロ，シロハラ，アカハラ，キセキレイ，ベニマシコ，シメ，カシラダカ，アオジ

撮影ガイド／

水辺の鳥は距離があるので，焦点距離 400～500 mm くらいのレンズと三脚があるとよい。

問い合わせ先／

館林市役所市民環境部地球環境課　Tel: 0276-72-4111

メモ・注意点／

- 毎月第 1 日曜（5 月を除く）に，日本野鳥の会群馬主催の月例探鳥会が行われている。尾曳稲荷神社前の駐車場が集合場所となっており，5～9 月は 8：00，10～4 月は 9：00 スタート。

探鳥地情報

【アクセス】

- 電車：東武伊勢崎線「館林駅」下車。東口から駅前通りを市役所方面へ直進，約 4km
- 車：東北自動車道「館林 IC」より約 3km

【施設・設備】

- 駐車場：あり（尾曳稲荷神社前の駐車場は無料）
- トイレ：尾曳稲荷神社前の駐車場と県立つつじが岡公園内各所にある
- 食事処：「つつじが岡ふれあいセンター」内にフードコートや売店がある

【After Birdwatching】

- 隣接して「田山花袋記念文学館」，「向井千秋記念子ども科学館」，「旧秋元別邸」などの文化施設が多数あるほか，尾曳稲荷神社境内では骨董市（毎月第 3 土曜開催），また，向井千秋記念子ども科学館西側広場で「麺-1 グランプリ」などのイベントが開催されることがあるので，館林市観光協会のホームページ（http://www.utyututuji.jp/）を事前にチェックするとよい。

尾曳橋よりの眺め　（写真：太田 進）

わたらせゆうすいち

渡良瀬遊水地

栃木市，埼玉県加須市，群馬県邑楽郡板倉町 MAPCODE 45 725 526*48

1 2 3 4 5 6 7 8 9 10 11 12

アシ原の上を滑空するチュウヒ
（写真：内田孝男）

渡良瀬遊水地は，総面積約 33 km²，周囲約 30 km の日本最大の遊水地である。関東平野のほぼ中央部，足尾山地を源流とする渡良瀬川の最下流，利根川との合流点まで数 km という位置にある。都心から 1 時間ちょっとの場所にもかかわらず，釧路湿原に次ぐ本州以南最大のアシ原（約 1,500 ha）を擁し，多種多様な生物が記録されている。

遊水地は，洪水調節のために築かれた囲繞堤（いじょうてい）によって，第 1・第 2・第 3 の調節池に分けられ，中央部を北から南へ渡良瀬川が流れている。南部にある谷中湖（渡良瀬貯水池）に隣接して，明治時代にこの地が遊水地化された際，廃村となった谷中村の中心部跡が谷中村史跡保全ゾーンとして残されている。

遊水地には，多くの絶滅危惧種が生息し，渡り鳥の重要な中継地や越冬地であることから，2012 年，ラムサール条約登録湿地に認証された。野鳥では，オオヨシキリやコヨシキリ，オオジュリンなど四季折々に草原性・湿原性の小鳥類が見られ，秋のツバメ類のねぐら入りや越冬するカモ類なども観察できる。特に，チュウヒやミサゴ，コミミズクなど猛禽類は種類数，個体数ともに多い。

探鳥は，谷中湖と谷中村史跡保全ゾーンを巡るのが最も一般的なコースだが，第 2 調節池にある通称・鷹見台や対岸の東側堤防上にある下生井の桜堤なども探鳥スポットとして知られる。高台になっている鷹見台や桜堤からは，調節池内のアシ原が一望できるので猛禽類を探しやすい。

〔河地辰彦〕

写真：内田孝男

探鳥環境

栃木県

探鳥コースはいくつかあるが，公共交通機関を利用しやすい東武日光線「柳生駅」から谷中湖，谷中村史跡保全ゾーンを巡り，「板倉東洋大前駅」へ至るコースをおすすめする。徒歩の場合は，遊水地内の移動に時間がかかるのでレンタサイクルを利用することもできる（藤岡町遊水池会館，板倉町わたらせ自然館，北川辺町スポーツ遊学館，谷中湖子供広場にあるレンタサイクルセンターは相互乗り入れができる）

鳥情報

季節の鳥／

（初夏）カッコウ，セグロカモメ，コアジサシ，オオセッカ，オオヨシキリ，コヨシキリ，セッカ
（秋）ツツドリ，ショウドウツバメ，ツバメ
（冬）オシドリ，ヨシガモ，マガモ，ハシビロガモ，オナガガモ，トモエガモ，コガモ，ホシハジロ，キンクロハジロ，ミコアイサ，カワアイサ，カンムリカイツブリ，ハジロカイツブリ，タゲリ，ミサゴ，チュウヒ，ハイイロチュウヒ，ハヤブサ，シロハラ，ツグミ，ジョウビタキ，ベニマシコ，シメ，カシラダカ，アオジ，オオジュリン
（通年）キジ，カルガモ，キジバト，カワウ，アオサギ，ダイサギ，トビ，オオタカ，ノスリ，カワセミ，コゲラ，アカゲラ，チョウゲンボウ，モズ，シジュウカラ，ヒバリ，ヒヨドリ，ウグイス，ムクドリ，スズメ，ハクセキレイ，カワラヒワ，ホオジロ

撮影ガイド／

カモ類やタカ類を撮影するなら，鳥との距離があるので焦点距離 800 mm 以上のレンズとしっかりした三脚がほしい。冬季は，吹きさらしになるので防寒対策を十分にとること。

問い合わせ先／

（財）アクリメーション振興財団
Tel: 0282-62-1161
https://watarase.or.jp/

メモ・注意点／

- 2 月以降は，谷中湖の干し上げの関係でカモ類は急激に減る。

探鳥地情報

【アクセス】

- 車：東北自動車道「館林 IC」から中央エントランス・下宮駐車場まで約 20 分
- 電車・バス：東武日光線「柳生駅」から徒歩約 15 分

【施設・設備】

- 駐車場：中央エントランス・下宮駐車場（無料）200 台
- トイレ：谷中湖周辺と各駐車場にあり
- 食事処：谷中村史跡保全ゾーンに売店がある

【After Birdwatching】

- 佐野市立吉澤記念美術館：近世～現代の書画・絵画近現代の陶芸などなどを所蔵している。特に，伊藤若冲（じゃくちゅう）の「菜蟲譜（さいちゅうふ）」（国指定重要文化財）が有名。（9：30～17：00，月曜休館，佐野市葛生東 1-14-30，Tel: 0283-86-2008，観覧料：一般 510 円）
- 「渡良瀬遊水地ヨシ焼き」が行われるのは毎年 3 月 20 日ごろ。実施日はアクリメーション振興財団のホームページで確認してほしい。

延命院跡に咲く彼岸花　（写真：内田孝男）

ながおかじゅりんち

長岡樹林地

宇都宮市  39 571 810*77

1 2 3 4 5 6 7 8 9 10 11 12

トラツグミ （写真：古滝正光）

長岡樹林地は，宇都宮市中心部より北へ約3 km の位置にあり，長岡公園，富士見が丘団地，宇都宮環状道路に挟まれる形で残った，広さ約 100 ha の主にコナラの雑木林からなる緑地である。樹林地に入ると団地や公園は視界から消え，遠く里山にわけ入ったような別世界の様相に包まれる。

樹林地の中央部を沢が流れているので，ため池や湿地，谷津田など水辺環境に恵まれている。湿地にはトウキョウサンショウウオが生息し，ヌマガヤなども繁茂している。また水辺を好むハンノキは，市内最大の林となっている。下流の谷津田では，昔ながらの自然の小川が流れ，ホトケドジョウやサワガニなどが生息している。よく手入れされた土手には，ツリカネニンジンやノアザミ，リンドウなどさまざまな草花が見られる。

隣接する長岡公園は，レクリエーション施設を備えた都市型公園で，公園内は人工的な芝生環境だが，周囲を保全林に囲まれているのでツグミ類やアトリ類，セキレイ類などが姿を現す。また展望デッキからは調整池のカモ類を見ることができる。

樹林地へは，長岡公園に隣接した西側の入口から入る。山桜のため池までは，しばらく急な下り坂が続くので足元に注意が必要である。コナラを主体とした雑木林なのでキツツキ類やカラ類など森林性の野鳥が多い。一方，谷津田ではホオジロ類など草地性の野鳥が見られる。また樹林地を抜けて田川の西所橋まで行くとカモ類やセキレイ類など水辺の野鳥が見られる。

〔河地辰彦〕

探鳥環境

栃木県

長岡公園

隣接する長岡公園駐車場からスタートし，軽スポーツのひろば，展望デッキを巡ってから樹林地内の小道を西所橋まで歩き，折り返すのが一般的な探鳥コースである。樹林地入口から山桜のため池の間は急な下りになっているので足元に注意する。

鳥情報

季節の鳥／

（春）ウソ
（秋・冬）マガモ，コガモ，カケス，キクイタダキ，ヒガラ，ミソサザイ，トラツグミ，シロハラ，ツグミ，ルリビタキ，ジョウビタキ，アトリ，マヒワ，ベニマシコ，シメ，カシラダカ，アオジ
（通年）カルガモ，カイツブリ，イカルチドリ，オオタカ，ノスリ，カワセミ，コゲラ，アカゲラ，アオゲラ，モズ，シジュウカラ，エナガ，メジロ，ハクセキレイ，セグロセキレイ，ホオジロ

撮影ガイド／

林内で，しかも動きの早い小鳥の撮影になるので焦点距離 500～800 mm のレンズがほしい。手持ちでの撮影になるので，一脚があると便利だろう。

問い合わせ先／

公益財団法人 グリーントラストうつのみや
宇都宮市緑のまちづくり課　Tel: 028-632-2559
http://green-trust.jp/base/nagaoka/
宇都宮市長岡公園　宇都宮市公園管理課
Tel: 028-632-2529

メモ・注意点／

- 樹林地は「（公財）グリーントラストうつのみや」が保全管理している。小道から外れて林内を踏み荒らさないこと。

探鳥地情報

【アクセス】

- 車：東北自動車道「宇都宮 IC」から公園駐車場まで約 15 分
- 電車・バス：JR「宇都宮駅」西口より，関東バス「富士見が丘団地」行きに乗車し，「団地中央」下車，徒歩約 7 分

【施設・設備】

- 駐車場：長岡公園駐車場（無料）30 台
- トイレ：長岡公園内に 2 か所あり

【After Birdwatching】

- 長岡百穴古墳遺跡：宇都宮環状道路の北側に，県指定史跡の長岡百穴古墳遺跡がある。これは田川と鬼怒川との間にある宇都宮丘陵の凝灰岩路頭の南斜面を利用して，横から穴を掘り込んで墓室とした横穴墳群である。横穴群の造られた時期は明らかではないが，7 世紀前期ごろに造成された家族墓的な要素が強い横穴墓群と考えられている。百穴と称しているが，現在は縦横 1m，奥行きは 2m ぐらいの穴が 52 残っている。

長岡百穴古墳遺跡

いがしらこうえん

井頭公園

真岡市　 39 254 507*05

1 2 3 4 5 6 7 8 9 10 11 12

ミコアイサ雄　（写真：古滝正光）

井頭公園は，栃木県を代表する都市公園（総合レジャー公園）である。「1万人プール」をはじめ，フィールドアスレチックやボート，釣りなどを楽しめるレジャー施設が充実している。一方，公園の中央部には面積 43,000 m^2 のボート池をはじめ，湿地植物園，釣り池と南北に水辺が広がり，これらを囲むように落葉広葉樹林，ブナ・ミズナラ林，アカマツ林，常緑広葉樹林などが整備されている。そのため年間を通じて多種多様な野鳥を観察することができる。特に，冬季にはカモ類が集団で渡来するほか，多くの冬鳥も見ることができる。

探鳥はボート池を囲むように整備されている散策路を周回するのが最も一般的なコースだが，冬鳥が去った夏季は外周路を歩くほうがよいだろう。

ボート池の周りの雑木林では，シジュウカラやヤマガラなどカラ類のほか，冬季ならシロハラやツグミ，ジョウビタキ，ルリビタキなどが見られる。初夏ならばキビタキ，オオルリが渡りの途中に立ち寄ってくれる。秋冬のボート池では，マガモ，カルガモ，オナガガモが多く羽を休めているが，ヨシガモやミコアイサなども渡来する。また春から夏には，ツバメやコアジサシが優雅に舞う姿が見られるだろう。

11月から翌年3月までは，ボート池の畔に建つ鳥見亭の野鳥観察室がオープンしている。観察室には望遠鏡が設置してあり，暖かい室内からカモ類の観察が可能だ。指導員も常駐しているので野鳥に関する質問にも答えてもらえる。

〔河地辰彦〕

探鳥環境

栃木県

公園内の散策路

西駐車場からスタートし，冬季は鳥見亭，湿地植物園とボート池の周囲を回って駐車場へ戻るコース。夏季は外周路を時計回りにアカマツ保存区，ボート池を回って駐車場へ戻る。

鳥情報

季節の鳥／

（春・夏）コアジサシ，カケス，ヤマガラ，シジュウカラ，ツバメ，キビタキ，オオルリ

（秋・冬）オシドリ，オカヨシガモ，ヨシガモ，ヒドリガモ，マガモ，カルガモ，ハシビロガモ，オナガガモ，トモエガモ，コガモ，ホシハジロ，キンクロハジロ，ミコアイサ，クイナ，オオバン，キクイタダキ，トラツグミ，シロハラ，ルリビタキ，ジョウビタキ，ビンズイ，アトリ，イカル，コイカル，ミヤマホオジロ

（通年）カイツブリ，カワウ，ゴイサギ，アオサギ，ダイサギ，バン，オオタカ，カワセミ，ウグイス，エナガ

撮影ガイド／

林内で動きの早い小鳥を撮影する場合は焦点距離 500～800mm のレンズで手持ち撮影になるので，一脚があると便利。カモ類を狙おうとすると焦点距離 800mm 以上のレンズがほしい。

問い合わせ先／

井頭公園管理事務所
Tel: 0285-83-3121
http://www.park-tochigi.com/igashira/

鳥見亭の館内

メモ・注意点／

- ゴールデンウィークや紅葉シーズンは来園者が多くなる。

探鳥地情報

【アクセス】

- 車：北関東自動車道「真岡 IC」から約 10 分
- 電車・バス：JR「宇都宮駅」，東武宇都宮線「東武宇都宮駅」から東野バス「真岡車庫」行き，「石法寺学校前」下車。徒歩約 30 分
  真岡鐵道「真岡駅」から東野バス「宇都宮東武」行き，「石法寺学校前」下車。徒歩約 30 分

【施設・設備】

- 鳥見亭：1 階の売店は土日祝のみ営業。2 階の野鳥観察室（無料）は 11 月 1 日～3 月 31 日（9：00～16：00）まで観察指導員が常駐している。毎週火曜休業（祝日の場合は翌日）
- 駐車場：西駐車場（無料）ほか多数あり。東駐車場については一万人プールの営業期間に限り有料。（3～10 月：8：30～18：30，11～2 月：8：30～17：30）
- トイレ：各所にあり
- バリアフリー設備：身障者用トイレあり
- 食事処：園内に売店，レストラン，休憩所あり

【After Birdwatching】

- 真岡鐵道では，下館ー茂木間で C11 形と C12 形機関車が牽引する SL 列車を土日祝に 1 往復運行している。
  真岡鐵道（株）Tel：0285-84-2911（代）
  http://moka-railway.co.jp/

いどしつげん

井戸湿原

鹿沼市　MAPCODE® 489 737 367*44

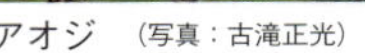

アオジ　（写真：古滝正光）

井戸湿原は，横根高原の山あいにあり，周辺から流れた沢水が形成する約3 ha の湿地帯である。標高は約1,300 m で，周囲一帯は前日光県立自然公園に属している。カラマツやシラカンバ林に囲まれた小さな高層湿原だが，湿原性植物や周辺の亜高山植物など400種以上が生育しているため，「植物の宝庫」として知られている。「小尾瀬」とも呼ばれる湿原を中心とした周遊コースでは四季折々に草花が咲き，5～6月上旬ならヤシオツツジやトウゴクミツバツツジ，レンゲツツジなどが彩りを添える。また10月の紅葉も美しく，春～秋にかけてすばらしい景観が楽しめる。

隣接する前日光牧場は，酪農家が飼育する発育期の乳牛を春～秋まであずかって，牧野に放牧し管理するための育成牧場である。牧場内では，のんびりと草を食(は)むホルスタインの間を歩きながら，日光，群馬，秩父の山々，遠くは富士山まで見える雄大な眺望を楽しむことができる。

森林や湿原，牧場など多様な自然環境に恵まれているため野鳥の種類も多く，初夏には夏鳥のオオルリ，キビタキ，コルリなどヒタキ類や，カッコウ，ジュウイチなどカッコウ類が渡来する。特にノジコは，栃木県内では数少ない繁殖地で初夏には美しいさえずりが聞かれる。また湿原の周りではカラ類やキツツキ類など森林性の鳥と，モズやアオジなど草原性の鳥を見ることができる。標高が高くビンズイやヒガラ，アカハラなども繁殖している。

〔河地辰彦〕

写真：山崎 晃

探鳥環境

栃木県

横根山

前日光ハイランドロッジ

古峯神社

深山巴の宿

前日光ハイランドロッジからスタートし，牧場内の砂利道を象の鼻展望台へ向かう。途中，井戸湿原の標識に従って山道に入り，ツツジの間を抜けていくと湿原に出る。湿原内の木道を周回したら象の鼻展望台へ向けて丸太階段を登り，展望台からは，砂利道を下ってロッジ駐車場に戻るのが一般的な探鳥コースである。

鳥情報

季節の鳥／

（初夏）ジュウイチ，カッコウ，アマツバメ，コルリ，キビタキ，オオルリ，ノジコ
（秋）アオバト，トビ，ノスリ，コゲラ，アカゲラ，モズ，キクイタダキ，コガラ，ヒガラ，シジュウカラ，ミソサザイ，アカハラ，ビンズイ，ホオジロ，アオジ

撮影ガイド／

牧場内は眺望がきくので，タカ類の撮影が期待できるが，林内では動きの早い小鳥の撮影になるので焦点距離 500～800 mm のレンズがほしい。湿原では木道が狭く，三脚が広げられない。手持ちでの撮影になるので，一脚があると便利だろう。

問い合わせ先／

前日光ハイランドロッジ（4 月中旬～11 月 30 日まで）
Tel: 0288-93-4141

メモ・注意点／

- 湿原周辺の山道や木道は，雨天後はぬかるんだり，滑りやすくなっているので注意すること。また湿原内の木道は単線なのでお互い譲りあって利用すること。さらに湿原の周囲にはシカ侵入防止柵が設置してある。ゲートの扉を開けて入ったら閉めることを忘れないようにしてほしい。

探鳥地情報

【アクセス】

- 車：東北自動車道「鹿沼 IC」から前日光ハイランドロッジまで約 80 分
- 電車・バス：公共交通機関はない

【施設・設備】

- 宿泊：前日光ハイランドロッジ（チェックイン 16：00～18：00，チェックアウト 9：00）　日帰り入浴可
- トイレ：ロッジ内などにある
- 駐車場：前日光ハイランドロッジ駐車場（無料）80 台　ただし，前日光ハイランドロッジの営業期間内（4 月下旬～11 月 30 日）のみ利用可。冬季は県道から牧場に入るゲートが閉鎖される
- 食事処：ロッジ内でバーベキューや食事，休憩もでき，売店もある

【After Birdwatching】

- 古峯神社：麓にある古峯神社は，日本武尊の家臣藤原隼人が京都からこの地に移り，神霊を祭ったのが始まりと伝えられ，ご祭神は日本武尊である。後に，日光山を開いた勝道上人が，この地で日光開山の偉業を成し遂げたといわれている。この縁起にあやかり日光全山の僧たちが古峯神社を中心とした山に登った。古峰原高原にある通称古峯神社奥の院と呼ばれる深山巴の宿は，勝道上人の日光開山に先立つ修行の地と伝えられ，ここで祈願する修行の習慣が明治維新まで続いたという。

やみぞけんみんきゅうようこうえん　しきのもり

八溝県民休養公園　四季の森

那須烏山市

MAPCODE® 529 099 454*37

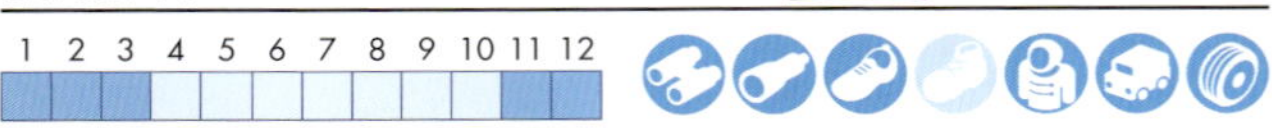

ルリビタキ

八溝県民休養公園は，四季の変化に富む美しい公園で「南那須 四季の森」とも呼ばれる。栃木県東部の丘陵地にあり，丘陵の緑をそのまま生かした森林公園である。東側に南那須育成牧場の放牧地や雑木林が隣接しており，緑地がより広く感じる。園内は樹木の種類が豊富で，アカマツやヒノキなどの針葉樹，クヌギやコナラなどの落葉広葉樹，ツバキやユズリハなどの常緑樹からなる自然林と，人工的に植栽された梅林やフユザクラの林などが混在した雑木林になっている。南那須は，比較的温暖な地域なので厳冬期でも積雪が少なく，シロハラやカシラダカ，ミヤマホオジロなど多くの冬鳥とともにビンズイやクロジ，カヤクグリなど漂鳥が越冬する。そのほかにもカラ類やキツツキ類など森林性の野鳥が通年生息している。公園内には川や草原がなく，小さな池があるくらいなのでカモ類やシギ類など水辺の野鳥や草原性の野鳥は期待できない。

探鳥は，車道と管理用道路を利用して雑木林の中をひと回りし，駐車場へ戻ってくるコースである。管理用道路は多少起伏があるが，簡易舗装されているので歩きやすい。道幅が狭く，一般車両は入ってこないので安心して探鳥に集中できる。初冬は，落ち葉が降り積もっていたり霜が降りたりして，坂道が滑りやすくなっていることがあるので注意してほしい。また車道の交通量は少ないが，歩道はないので通行にあたっては車両に十分注意してほしい。

〔河地辰彦〕

探鳥環境

南那須育成牧場

四季の森駐車場

駐車場からスタートし，一旦，車道に出てから左手の管理道路へ下りていく。管理道路は，しばらく丘陵の南西側斜面を上ったり下ったりしながら曲がりくねって続く。所々，陽だまりで小休止を取りながら歩くとよい。車道に合流したら駐車場までは緩やかな下りである。

鳥情報

季節の鳥／

（秋・冬）トビ，オオタカ，ノスリ，コゲラ，アカゲラ，アオゲラ，モズ，ハシブトガラス，キクイタダキ，コガラ，ヤマガラ，ヒガラ，シジュウカラ，ヒヨドリ，ウグイス，エナガ，メジロ，ミソサザイ，トラツグミ，シロハラ，アカハラ，ツグミ，ルリビタキ，ジョウビタキ，カヤクグリ，ハクセキレイ，セグロセキレイ，ビンズイ，カワラヒワ，マヒワ，シメ，ホオジロ，カシラダカ，ミヤマホオジロ，アオジ

撮影ガイド／

林内で動きの早い小鳥の撮影になるので焦点距離500～800 mm のレンズがほしい。手持ちでの撮影になるので，一脚があると便利だろう。

問い合わせ先／

栃木県県北環境森林事務所
Tel: 0287-23-6363
http://www.pref.tochigi.lg.jp/d04/eco/shizenkankyou/shizen/yamizokenmin.html

メモ・注意点／

- 車道の交通量は少ないが歩道がなく，またカーブで見通しの悪い箇所もあるので通行にあたっては車両に十分注意してほしい。
- 自由園地近くのトイレは，冬季閉鎖している。

探鳥地情報

【アクセス】

- 車：東北自動車道「矢板 IC」から公園駐車場まで約40 分
- 電車・バス：公共交通機関はない

【施設・設備】

- 駐車場：公園駐車場（無料）100 台
- トイレ：駐車場脇にあり
- 食事処：公園内および周辺にはない。国道 293 号沿いにレストランやコンビニがある

【After Birdwatching】

- 喜連川（きつれがわ）温泉：泉質はナトリウム塩化物泉。日本三大美肌の湯とされ，数軒の宿泊施設や日帰り入浴施設がある。道の駅きつれがわ内には内湯や露天風呂のほか水着で入浴できるクアハウスもある。また，旧喜連川町の中心街は城下町の面影を残し，歴代藩主の墓所がある龍光寺をはじめ古刹が多い。藩主であった喜連川氏は足利将軍家の後裔で，江戸時代，1万石に満たない所領ながら10万石の大名格を与えられ，参勤交代なども免除されていた。

龍光寺

栃木県

かわじおんせん

川治温泉

日光市　MAPCODE® 367 774 683*73

1 2 3 4 5 6 7 8 9 10 11 12

カワガラス

川治温泉は，栃木県西部の山間地にあり，鬼怒川と男鹿川が合流するあたりに開けた古くからの温泉地である。かつては会津西街道の宿場町として，また湯治場として栄えた。現在でも，10軒ほどのホテルや旅館などが立ち並んでいる。野岩鉄道会津鬼怒川線が通っており，東武鉄道を介して首都圏とも繋がっている。栃木県内では公共交通機関を利用できる数少ない探鳥地である。

ここは鬼怒川水系の上流部で，周囲は山々に囲まれ眺望がきかない。しかし，この辺りの鬼怒川は小網ダムによってせき止められ，小さなダム湖のようになっている。川の右岸に沿って龍王峡ハイキングコースがあり，四季折々バードウォッチングを楽しむことができる。

新緑のころならカッコウ，ホトトギス，ツツドリの鳴き声が山肌にこだまし，シジュウカラやヤマガラのせわしないさえずりに混じって，到着したばかりのオオルリやキビタキのゆったりとしたメロディーも聞かれる。小網ダムの周りではイワツバメが乱舞し，温泉街を流れる男鹿川ではカワガラスがせわしなく水に潜って食物を探す場面に遭遇するだろう。

秋から冬にかけては，ダム湖でマガモやオシドリなどカモ類が越冬している。両岸の木陰にそっと隠れていることが多いので注意して探してみたい。あじさい公園のあたりでは休憩をかねて上空にも注意を払いたい。上空が開けている貴重な場所なのでクマタカなど大形猛禽類が現れるチャンスもある。〔河地辰彦〕

探鳥環境

小網ダム

川治温泉駅前からスタートし，小網ダムを渡って龍王峡ハイキングコースに合流する。あじさい公園，黄金橋を経て川治湯元へ向かい，川治湯元駅からは電車利用で戻るコースが楽である。川治湯元駅から川治温泉駅までは一駅２分。

鳥情報

季節の鳥／

（初夏）ホトトギス，ツツドリ，カッコウ，イワツバメ，センダイムシクイ，キビタキ，オオルリ

（秋・冬）オシドリ，マガモ，クマタカ，ハヤブサ

（通年）ヤマセミ，ヤマガラ，シジュウカラ，カワガラス，キセキレイ

撮影ガイド／

林内で動きの早い小鳥の撮影になるので焦点距離500～800 mmのレンズがほしい。ハイキングコースは山道で上り下りがあり，一部狭い場所もある。三脚は邪魔になるので手持ちでの撮影になる。一脚があると便利だろう。

問い合わせ先／

鬼怒川・川治温泉公営観光案内所　Tel: 0288-77-3111
日光市観光協会　Tel: 0288-22-1525
http://www.nikko-kankou.org/spot/53/

メモ・注意点／

- 川沿いには公衆露天風呂やホテルの浴場があるので，双眼鏡や望遠鏡を向けないように注意すること。

龍王峡ハイキングコース

探鳥地情報

【アクセス】

- 車：日光宇都宮道路「今市 IC」から「川治温泉駅」まで約 40 分
- 電車・バス：野岩鉄道会津鬼怒川線「川治温泉駅」下車

【施設・設備】

- 駐車場：川治温泉駅（無料 13 台）と川治湯元駅（無料 5 台）にあるが，いずれも送迎用駐車場なので長時間駐車する場合は，一駅前の龍王峡駅の市営駐車場（無料）を利用してほしい。行楽の時期はたいへん混雑するので電車利用をおすすめする
- トイレ：川治温泉駅，薬師の湯，川治湯元駅
- 食事処：駅の周りにはないが，温泉街には食堂がある。特に，この地域はそば処なのでおいしいそばが食べられる

【After Birdwatching】

- 鬼怒川と男鹿川の合流付近に「薬師の湯」がある。川沿いに「岩風呂」という露天風呂（混浴）があり，内湯の窓口で料金を支払えば，その料金内で内湯も露天風呂も利用できる。開館時間：10：00～21：00　休館日：水曜（祝祭日にあたるときは翌日。ただし，12 月 30 日～1 月 5 日までは無休）　入浴料：一般 510 円・小学生 250 円・幼児（小学校就学前）無料
問合せ：川治温泉「薬師の湯」
Tel：0288-78-0229

せんじょうがはら

戦場が原

日光市　MAPCODE® 735 054 895*84

ノビタキ　（写真：古滝正光）

戦場が原は日光国立公園に属し，男体山，太郎山，山王帽子山，三岳などの山麓に囲まれた，標高約 1,400m の高層湿原である。男体山の噴火により堰き止められた湖沼に土砂が堆積し，その上に枯死した水生植物が堆積し，寒冷のため分解せずに泥炭化して形成された。

探鳥は赤沼の駐車場から湯滝まで，戦場が原自然研究路を歩くのが最も一般的なコースである。湯滝まではトイレがないので，赤沼で済ませてから出発したい。

湿原の周囲はミズナラやモミの原生林に広く囲まれており，キビタキやニュウナイスズメなど森林性の野鳥が，湿原ではノビタキやホオアカなど草原性の野鳥が見られる。また湯川沿いの自然研究路はズミのトンネルになっており，梢ではアオジがよくさえずっている。奥日光は冬鳥であるマガモの国内でも数少ない繁殖地なので，湯川や泉門池では，ヒナを連れて泳ぐ姿を見ることができるだろう。

泉門池から湯滝の間は針葉樹林帯に入る。しだいにモミ林へと変わり，キビタキやオオルリなどヒタキ類のさえずりが聞かれるようになってくる。カゲロウなどの昆虫を狙ってフライキャッチする姿が見られるかもしれない。また水際では，ミソサザイやキセキレイなどの姿も見られるだろう。湯滝からはバスで赤沼へ戻る。

冬季は積雪するが，スノーシューで歩くことができる。レンジャクやベニヒワなどビックチャンスに恵まれるかもしれない。スノーシューは三本松のレストハウスでレンタルされている。

〔河地辰彦〕

写真：山崎 晃

探鳥環境

赤沼の県営駐車場から国道を渡って戦場が原自然研究路へ入り，赤沼分岐を湯滝方面へ向かう。木道が整備されているので道に迷うことはない。ところどころ展望台やベンチがあるので休憩をとりつつ歩くとよい。また青木橋と泉門池にテーブル付きベンチがあり，お弁当を開くのに都合がいい。泉門池から小滝まではやや上りとなっている。

鳥情報

季節の鳥／

(初夏～夏) マガモ，ホトトギス，ツツドリ，カッコウ，アマツバメ，オオジシギ，トビ，ノスリ，チョウゲンボウ，モズ，カケス，コガラ，ヒガラ，イワツバメ，ウグイス，エゾムシクイ，ミソサザイ，アカハラ，ノビタキ，サメビタキ，コサメビタキ，キビタキ，オオルリ，ニュウナイスズメ，ホオジロ，ホオアカ，アオジ

(秋・冬) オシドリ，ヨシガモ，ヒドリガモ，コガモ，アオシギ，キレンジャク，ヒレンジャク，ツグミ，アトリ，マヒワ，ベニヒワ

(通年) コゲラ，オオアカゲラ，アカゲラ，アオゲラ，キクイタダキ，シジュウカラ，ゴジュウカラ，キバシリ，カワガラス，キセキレイ

撮影ガイド／

林内で動きの早い小鳥の撮影になるので焦点距離 500～800mm のレンズがほしい。観光客が多いので展望デッキ以外では三脚が立てづらい。手持ちでの撮影になるので，一脚があると便利だろう。

問い合わせ先／

日光自然博物館（赤沼自然情報センター）
Tel: 0288－55－0880
http://www.nikko-nsm.co.jp/building/

メモ・注意点／

- 遠足や修学旅行シーズン（6 月ごろ）は，団体行動の小中学生が多いので木道を塞がないように注意。

探鳥地情報

【アクセス】

- 車：日光宇都宮道路「清滝 IC」から約 30 分
- 電車・バス：JR 日光線「日光駅」，または東武日光線「東武日光駅」より東武バス「湯元温泉」行き，「赤沼」バス停下車。「日光駅」より約 50 分。ゴールデンウィーク，紅葉など観光シーズンはいろは坂で大渋滞するので時間どおりに着けない

【施設・設備】

- 赤沼自然情報センター：戦場が原の最新情報を入手することができる
- 駐車場：戦場が原県営（赤沼）駐車場（無料）。湯滝駐車場（500 円／日）。冬季（12 月上旬～翌 4 月上旬）は，休業だが駐車可能。積雪状況によっては，駐車できない場合があるので，自然公園財団日光支部（Tel：0288－62－2461）へ問い合わせを
- トイレ：戦場が原県営（赤沼）駐車場，戦場が原自然研究路入口，湯滝駐車場にある
- 食事処：赤沼バス停前に赤沼茶屋がある

【After Birdwatching】

- 中禅寺湖の湖畔には外国大使館別荘群がある。現在，旧イタリア大使館別荘と旧英国大使館別荘が一般公開（有料）されている。また中禅寺湖畔ボートハウスでは，ベルギー王国大使館別荘が所有していたボートなどを展示している。詳しくは，日光自然博物館のホームページ参照。

たきおこどう

滝尾古道

日光市　MAPCODE® 367 312 407*61

ミソサザイ　（写真：齋藤禎治）

滝尾古道は，日光東照宮の裏山にある滝尾神社の参道で，神橋から二社一寺の外周をたどり滝尾神社に至る「滝尾道」の一部である。石畳の参道はうっそうとしたスギの古木が立ち並び，あたりは苔むして荘厳さが漂う。日光開山の祖，勝道上人（しょうどうしょうにん）の木像が安置されている開山堂や将棋の駒の香車がいくつも積み重ねられた観音堂（別名：香車堂），北野神社，瀧尾神社などがひっそりとたたずむ。文字通りの聖域で，良好な自然が保たれている。観光客でにぎわう日光東照宮などの世界文化遺産の見学ルートとは，ひと味違った雰囲気を醸し出している。また，この辺りは，女峰山と赤薙山（あかなぎやま）の噴火で流れ出た溶岩を稲荷川が浸食し，風化してできた岩石の多い地形のため，白糸の滝など清流がいく筋もある。

探鳥は，東照宮大駐車場から滝尾神社まで往復するのが一般的なコースである。途中にトイレはないので駐車場で済ませてから出発したい。

スギやヒノキなど針葉樹の古木が多いため，キクイタダキ，ヤマガラ，ヒガラなどのカラ類がよく見られる。また，稲荷川や白糸の滝など水辺周辺ではミソサザイやカワガラスが多い。4月下旬ごろなら，渡ってきたばかりのオオルリ，キビタキ，コサメビタキなどのヒタキ類のほか，センダイムシクイなどムシクイ類も見られる。

そのほか，道路沿いにはイチリンソウやヤマエンゴサク，カタクリなど草花も多いので探鳥がてら観察してみたい。

〔河地辰彦〕

写真：山崎 晃

探鳥環境

栃木県

開山堂

白糸の滝

カタクリの花

東照宮大駐車場をスタートし，東照宮美術館，東照宮社務所脇を抜けて開山堂へ向かい，ここから稲荷川に沿って石畳の参道を滝尾神社まで往復する。途中，滝尾神社の石段前に弘法大師修行場と伝えられている白糸の滝がある。

鳥情報

季節の鳥／

(春)トビ，ノスリ，キクイタダキ，コガラ，ヤマガラ，ヒガラ，シジュウカラ，ゴジュウカラ，キバシリ，ミソサザイ，カワガラス，キセキレイ
(初夏)センダイムシクイ，コサメビタキ，キビタキ，オオルリ

撮影ガイド／

林内で動きの早い小鳥の撮影になるので，焦点距離500～800 mmのレンズがほしい。手持ちでの撮影になるので，一脚があると便利だろう。

問い合わせ先／

日光市観光協会
Tel: 0288-54-2496
http://www.nikko-kankou.org/spot/24/

メモ・注意点／

- 参道の石畳は，濡れていると非常に滑りやすいので，右側の道路を歩いたほうがよい。

冬の滝尾神社

探鳥地情報

【アクセス】

- 車：日光宇都宮道路「日光IC」から約10分
- 電車・バス：JR日光線「日光駅」，または東武日光線「日光駅」より東武バス「湯元温泉」「中善寺温泉」「奥細尾」「清滝」「西参道」「やしおの湯」行きに乗り，「神橋」下車。徒歩約5分

【施設・設備】

- 駐車場：東照宮大駐車場(有料)　200台(600円／日)
- トイレ：東照宮大駐車場にあり
- 食事処：東照宮の周辺に多数あり

【After Birdwatching】

- 日光東照宮美術館：障壁画や掛け軸などの日本画100点を公開している。絵画は横山大観や中村岳陵，荒井寛方，堅山南風などの逸品が鑑賞できる。鳥の名画も多いので，バードウォッチング後にぜひ立ち寄ってみたい
(日光東照宮 Tel: 0288-54-0560)

日光東照宮美術館

とちぎけんみんのもり

栃木県民の森

矢板市 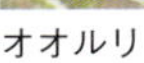 315 700 054*06

1	2	3	4	5	6	7	8	9	10	11	12

オオルリ

栃木県民の森は，高原山の南麓に広がる973 haの水源の森である。標高412 mの寺山ダム周辺から標高1,248 mのミツモチ山頂まで，里山から亜高山帯へと変化に富んだ環境をもつ広大なフィールドである。豊かな湧水とツキノワグマをはじめとする生物の宝庫で，野鳥も高山性，森林性，草原性から水鳥とバリエーション豊かな種類を観察できる。特に，宮川渓谷では県鳥のオオルリをはじめクロツグミやサンショウクイなど，さまざまな森林性の野鳥を間近に観察することができる。

広大な敷地内には，縦横無尽に遊歩道が整備され森林教育や行楽などに解放されている。県道272号の終点には県民の森管理事務所，森林展示館，野生動物救護舎，マロニエ昆虫館など施設が集合し，その脇を流れる宮川の渓流沿いに宮川渓谷遊歩道（未舗装）がある。

この遊歩道を利用した探鳥コースは，上流コースと下流コースの2通りがあり，どちらも出現する鳥の種類はほぼ同じだが，夏鳥が出現する時期は下流よりも上流のほうが若干遅めである。また，下流コースは，年によっては渓谷の水が地下へ伏流するため，水が枯れてしまうことがある。カワガラスやミソサザイは，渓谷の水が枯れない上流コースのほうが見られる確率が高い。

遊歩道沿いでは，野鳥ばかりでなく地上にも注目したい。遊歩道沿いにはレンゲショウウマやラショウモンカズラ，カタクリ，エイザンスミレなど四季を通じて多種多様な草花が見られる。秋の紅葉もきれいだ。

〔河地辰彦〕

探鳥環境

栃木県

敷地内は遊歩道が整備されているが，野生植物が群生しているので遊歩道から外れないように歩こう

森林展示館

上流コースは，弓張橋のたもとに遊歩道入口がある。宮川に沿って上流へ向かい，時間を見計らって引き返すのがよい。堰堤(えんてい)の所から車道を経て戻る。下流コースは，弓張橋の下流数十メートルの道路脇に「宮川渓谷入口」の看板がある。遊歩道の階段を下ると「創造の滝」に出る。県道への分岐点で，来た道を引き返すか，県道を引き返す。冬季は積雪がある。

鳥情報

季節の鳥／

(春・夏)ホトトギス，ツツドリ，カッコウ，ハチクマ，サシバ，サンショウクイ，サンコウチョウ，ツバメ，ヤブサメ，エゾムシクイ，センダイムシクイ，ミソサザイ，カワガラス，クロツグミ，コサメビタキ，キビタキ，オオルリ

(秋・冬)ヤマドリ，オオアカゲラ，キレンジャク，ヒレンジャク，シロハラ，ツグミ，ルリビタキ，ジョウビタキ，ベニマシコ，カシラダカ，ミヤマホオジロ，アオジ

(通年)キジバト，トビ，オオタカ，ノスリ，コゲラ，アカゲラ，アオゲラ，モズ，ハシブトガラス，ヤマガラ，シジュウカラ，カケス，ヒヨドリ，ウグイス，エナガ，メジロ，ムクドリ，スズメ，キセキレイ，セグロセキレイ，カワラヒワ，イカル，ホオジロ

撮影ガイド／

林内で動きの早い小鳥の撮影になるので焦点距離500～800 mmのレンズがほしい。手持ちでの撮影になるので，一脚があると便利だろう。遊歩道や車道が狭いので三脚を立てないこと。

問い合わせ先／

県民の森管理事務所森林展示館
Tel: 0287－43－0479　http://blog.tochimori.moo.jp/
県民の森ホームページ
http:// 県民の森 .tochigi.jp/

メモ・注意点／

- 県道や車道は道幅が狭いため，車に注意。

探鳥地情報

【アクセス】

- 車：東北自動車道「矢板 IC」から大駐車場まで約 30 分
- 電車・バス：公共交通機関はない

【施設・設備】

- 森林展示館：県民の森のビジターセンターも兼ねており，案内員や解説員が常駐している
- マロニエ昆虫館：昆虫専門展示館。年に 4 回（1・4・7・10 月）展示替え。　森林展示館，マロニエ昆虫館ともに 9：00～16：00（12 月 28 日～1 月 4 日休館），入館無料
- 駐車場：大駐車場（無料）120 台　小駐車場（無料）14 台
- トイレ：大駐車場，マロニエ昆虫館，森林展示館にある
- 食事処：周辺にはないが，東荒川ダム親水公園の「尚仁沢はーとらんど」に食堂がある

【After Birdwatching】

- 寺山観音寺：寺号は与楽山大悲心院観音寺。千手観世音菩薩（国の重要文化財）を本尊とする古刹である。寺では，数年前に境内に自生していたシュウカイドウ（秋海棠）を隣の杉林に移植したら年々広がり，今では 10 万株を超える群落となったそうである。シュウカイドウはベゴニア属の多年草で 9～10 月ごろに淡いピンクの花を咲かせる。（矢板市長井 1875）

はんだぬまやちょうこうえん

羽田沼野鳥公園

大田原市　MAPCODE® 121 565 814*31

1 2 3 4 5 6 7 8 9 10 11 12

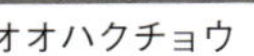

オオハクチョウ

羽田沼は大田原市街地から北東へ 7 km ほどに位置する丘陵地に，約 400 年前に造られた約 4ha の農業用ため池である。沼の北側にある湧水を水源とし，岸辺にはアシなどの植物が繁茂している。かつてはジュンサイが水面を覆うほど良好な水質で，初夏にはジュンサイ採りの様子が見られた。現在はハクチョウの餌付けやこれに伴う飛来数の増加，周辺での農薬使用などによって富栄養化が進んでいる。沼と下流の農業用水路および周辺の農地は国指定天然記念物ミヤコタナゴが生息しているため，種の保存法に基づいた「羽田ミヤコタナゴ生息地保護区」に指定されている。

沼では毎年多くのカモ類が越冬し，ヨシガモ，ヒドリガモ，キンクロハジロ，ホシハジロなどがよく見られる。ハクチョウの越冬地としてよく知られており，毎年 100 羽を超すコハクチョウやオオハクチョウが羽を休める。ハクチョウは，早いものは 10 月中旬ごろに飛来し，3 月中旬ごろまで見られる。このほか，カモを狙うオオタカや沼のコイを狙ってホバリングするミサゴなどのタカ類もしばしば姿を見せる。

ハクチョウやカモ類の観察は，駐車場脇にある観察小屋周辺と西側のほとりに建つあずま屋周辺が適している。沼はさほど広くはないので，双眼鏡でも十分観察が楽しめる。東側の林内には山道があり，探鳥しながら沼を一周できる。

〔河地辰彦〕

探鳥環境

栃木県

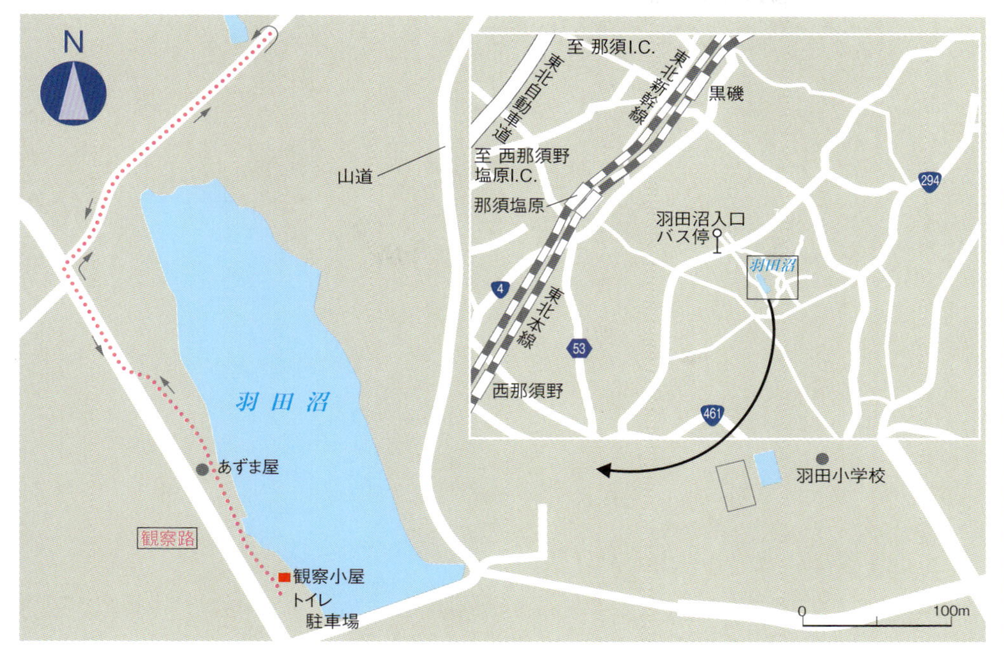

ハクチョウやカモ類の観察は，駐車場脇にある観察小屋周辺と西側のほとりに建つあずま屋周辺が適している。また，沼の北側を回り，対岸の丘陵林内の山道を歩くと沼を一周できる。

鳥情報

季節の鳥

（春・夏）カルガモ，カイツブリ，キジバト，カワウ，アオサギ，ダイサギ，トビ，オオタカ，ノスリ，コゲラ，アカゲラ，アオゲラ，モズ，カケス，ハシボソガラス，ハシブトガラス，ヤマガラ，シジュウカラ，ツバメ，ヒヨドリ，ウグイス，エナガ，メジロ，ムクドリ，スズメ，ハクセキレイ，カワラヒワ，ホオジロ

（秋・冬）コハクチョウ，オオハクチョウ，オカヨシガモ，ヨシガモ，ヒドリガモ，マガモ，ハシビロガモ，オナガガモ，トモエガモ，コガモ，ホシハジロ，キンクロハジロ，オオバン，イソシギ，ミサゴ，ハヤブサ，シロハラ，ツグミ，ジョウビタキ，ベニマシコ，カシラダカ，アオジ

撮影ガイド

ハクチョウやカモ類を撮影するなら，焦点距離500 mm以上のレンズとしっかりした三脚がほしい。

問い合わせ先

大田原市観光協会　Tel: 0287－54－1110

メモ・注意点

- ハクチョウ類，カモ類への餌付けは，水質改善とミヤコタナゴ保護のため禁止されている。
- 駐車場が狭いため駐車できないときもある。近隣生活者に迷惑をかけないようにすること。また西側の堤防上は通行障害になるので駐車しないこと。

探鳥地情報

【アクセス】

- 車：東北自動車道「西那須野塩原 IC」から羽田沼野鳥公園駐車場まで約 30 分
- 電車・バス：大田原市営バス（金田方面循環線）があるが，便数が少ない
  大田原市生活環境課交通係（Tel: 0287－23－8832）

【施設・設備】

- 駐車場：羽田沼野鳥公園駐車場（無料）　15 台
- トイレ：駐車場にある
- 食事処：周辺にはない

沼はさほど広くないため，双眼鏡のみでも観察を楽しむことができる

せんぼんまつぼくじょうとなすのがはらこうえん

千本松牧場と那須野が原公園

那須塩原市　MAPCODE® 121 607 341*10

1	2	3	4	5	6	7	8	9	10	11	12

ミヤマホオジロ

千本松は千本松牧場を中心に，那須野が原公園，農水省畜産草地研究所などを擁し，南北約 7 km，東西約 5 km にわたって広がる，栃木県を代表する探鳥地の１つである。アカマツ林やコナラなど落葉樹林と牧草地や草地がモザイク状に配置され，森林性の野鳥と草原性の野鳥を同時に見ることができる。自然の河川はないが，那珂川から取水する那須疏水が通っており，この疏水から導水している赤田調整池には，冬季，数千羽のカモ類が集団で越冬する。

千本松牧場の一部は，乗馬体験やどうぶつふれあい広場，のりもの広場，牧場レストランなどレジャー施設になっているが，牧場の奥には牧草地や草地，アカマツ林が広がっており，多種多様な野鳥が見られる。

一方，那須野が原公園内には，わんぱく広場やフィールドアスレチック，ファミリープールなどの遊具施設のほか，西側の一角に，かつて千本松一帯に広がっていたアカマツの自然林が残されており，舗装された散策路が整備されている。また，展望塔であるサンサンタワー３階の野鳥観察室からは隣接する赤田調整池で越冬するカモ類が見られる。野鳥観察室は東側を向いているので，順光になる午後の時間帯に訪れたほうがよい。12 月から翌年３月までは，スコープが設置されており無料で利用できる。

赤田調整池に入るには，那須野が原総合開発水管理センターの許可が必要。ただし，土日は水管理センターが休業のため入れない。

〔河地辰彦〕

探鳥環境

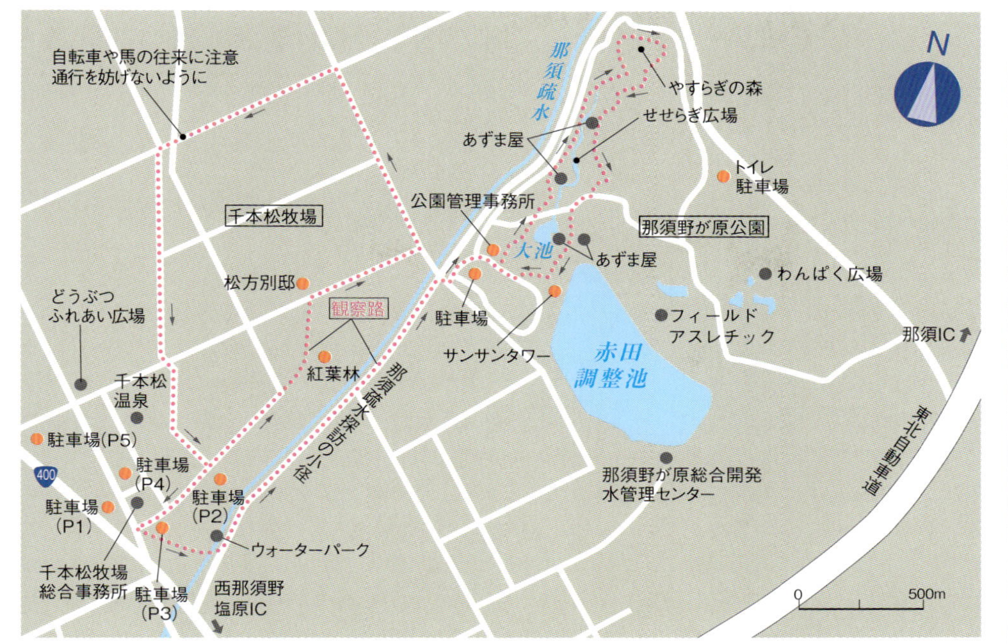

P1 駐車場付近からスタートし，紅葉林，松方別邸を巡って駐車場へ戻るのが一般的なコース。那須野が原公園へは，車を利用するほか，千本松牧場から歩いて行くこともできる。P1 駐車場から疏水沿いの散策路「那須疏水探訪の小径」を上流へ向かって歩くと公園の入口に着く。せせらぎ広場とやすらぎの森で探鳥ができる。

鳥情報

季節の鳥

(春・夏) キジ，ホトトギス，ツツドリ，カッコウ，オオジシギ，カケス，ツバメ，ノビタキ，コサメビタキ，キビタキ

(秋・冬) ヒドリガモ，マガモ，カルガモ，ハシビロガモ，オナガガモ，トモエガモ，コガモ，ホシハジロ，キンクロハジロ，ホオジロガモ，カワアイサ，カイツブリ，カンムリカイツブリ，ハジロカイツブリ，ミヤマガラス，キクイタダキ，コガラ，ヒガラ，シロハラ，ツグミ，ルリビタキ，ジョウビタキ，カヤクグリ，ビンズイ，アトリ，カワラヒワ，マヒワ，ベニマシコ，ウソ，シメ，イカモ，カシラダカ，ミヤマホオジロ，アオジ

(通年) キジバト，オオタカ，ノスリ，コゲラ，アカゲラ，アオゲラ，モズ，オナガ，ヤマガラ，シジュウカラ，ヒバリ，ウグイス，エナガ，メジロ，セッカ，ムクドリ，セグロセキレイ，ホオジロ

問い合わせ先

千本松牧場　Tel: 0287-36-1025
http://www.senbonmatsu.com/
那須野が原公園　Tel: 0287-36-1220 (代)
http://www.park-tochigi.com/nasunogahara/
那須野が原総合開発水管理センター Tel: 0287-36-0632 (代)

メモ・注意点

- 千本松牧場内の農作業用の道路は，安全上かつ家畜衛生上，立入禁止になっている。

探鳥地情報

【アクセス】

- 車：東北自動車道「西那須野塩原 IC」から千本松牧場の駐車場まで約 2 分
- 電車・バス：JR 宇都宮線「西那須野駅」より JR バス「塩原温泉バスターミナル」行き，「千本松」下車

【施設・設備】

- 那須野が原公園：8：30～18：30 (冬季 17：30)。サンサンタワーは火曜休業
- 駐車場：千本松牧場駐車場 (無料) は P1～P5 まであり普通車 1,200 台。那須野が原公園 (無料) 正面駐車場は 600 台。開園時間のみ利用できる
- トイレ：千本松牧場は各駐車場の近くにあり。那須野が原公園は園内の各所にあり
- バリアフリー設備：身障者用トイレあり
- 食事処：千本松牧場にレストランや売店などがある
- その他：ゴールデンウィークや紅葉シーズンは大変混雑する。また，5～7 月の那須野が原は，午後から雷雨になりやすい

【After Birdwatching】

- 那須野が原博物館：道の駅と一体化した，那須野が原の自然や開拓の歴史・文化を紹介する総合博物館。(開館時間：9：00～17：00，月曜休館，入館料：一般 300 円，Tel：0287-36-0949　http://www2.city.nasushiobara.lg.jp/hakubutsukan/)

とりのめかせんこうえん

鳥野目河川公園

那須塩原市 MAPCODE® 121 889 067*48

1 2 3 4 5 6 7 8 9 10 11 12

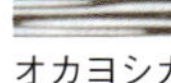

オカヨシガモ

鳥野目河川公園は那珂川の右岸にある面積約 15 ha の公園で，夏はオートキャンプ場としてにぎわい，川ではアユ釣りがさかんに行われる。公園内は桜の並木など人工的な植栽もあるが，もともと生えていたアカマツ林や雑木林も多く残されている。また公園の南側は河岸段丘下になっており，崖下までの間に田んぼと養魚場がある。養魚場の清流は，公園内のせせらぎや小川となって流れ，公園中央の大池などを経て那珂川へ流出している。市街地の近くにもかかわらず，公園の周辺は多様な自然環境がコンパクトに詰まっており，カラ類やキツツキ類，サギ類など，山野・水辺の鳥ともに種類が多い。

探鳥は，木々の葉がまばらになる秋から翌春までが適している。コテージ周辺は雑木林になっていて，カラ類やキツツキ類がよく見られる。また，大池には数種類のカモが越冬する。名前ほど大きな池ではないので双眼鏡でも十分観察できる。特にオカヨシガモやヒドリガモ，カイツブリやオオバンなどが見やすい。アカマツ林の林床では芝の中をビンズイやカシラダカが歩き回っているかもしれないので，注意深く探してみよう。川沿いの車道からは，河原で忙しく動き回るイカルチドリやイソシギ，セキレイ類が見られるだろう。オオタカの生息地も近く，上空にはしばしば獲物を探して滑空する姿が見られる。

公園内の道路は，平坦で舗装されている。カモなども近くで見られるため，初心者や子ども連れに最適の探鳥地である。

〔河地辰彦〕

栃木県

探鳥環境

鳥野目オートキャンプ場

野鳥観察小屋

駐車場からスタートし，コテージ横の雑木林，野鳥観察小屋，大池を通って，那珂川沿いの車道を戻るのが一般的なコースである。

鳥情報

季節の鳥／

(春)オオタカ，ノスリ，カケス，ツバメ，イワツバメ，ウグイス，キレンジャク，ヒレンジャク，キビタキ，オオルリ
(秋・冬)オカヨシガモ，ヒドリガモ，マガモ，カルガモ，オナガガモ，コガモ，ホシハジロ，キンクロハジロ，カイツブリ，カワウ，アオサギ，ダイサギ，オオバン，イソシギ，ヒガラ，シロハラ，ツグミ，ルリビタキ，ジョウビタキ，ビンズ，タヒバリ，マヒワ，ベニマシコ，シメ，イカル，カシラダカ
(通年)キジバト，イカルチドリ，トビ，カワセミ，コゲラ，アカゲラ，アオゲラ，モズ，ハシホソガラス，ハシブトガラス，ヤマガラ，シジュウカラ，ヒヨドリ，エナガ，メジロ，ムクドリ，スズメ，キセキレイ，ハクセキレイ，セグロセキレイ，カワラヒワ，ホオジロ

撮影ガイド／

林内で動きの早い小鳥の撮影になるので焦点距離 500～800 mm のレンズがほしい。手持ちでの撮影になる。道路は平坦で広いので三脚を広げることは可能である。

問い合わせ先／

鳥野目河川公園オートキャンプ場管理事務所
Tel: 0287-64-4334　http://www.torinome.jp/

メモ・注意点／

- コテージの周りでは，大声で騒がないように注意。5～10 月はキャンプ場が混雑することが多く，鳥見には適さない。

探鳥地情報

【アクセス】

- 車：東北自動車道「那須 IC」から公園駐車場まで約 15 分。「黒磯板室 IC」から公園駐車場まで約 20 分
- 電車・バス：公共交通機関はない

【施設・設備】

- 駐車場：場外駐車場（無料）普通車 21 台，マイクロバス 2 台
- トイレ：管理事務所と大池の近くのシャワー棟にある。そのほかのトイレは凍結予防のため冬季閉鎖される
- バリアフリー設備：シャワー棟に身障者用トイレがある
- 食事処：周辺にはないが，戸田調整池周辺や県道 30 号矢板那須線沿線には数多くある。特に，戸田調整池近くの「コーヒーハウス・かもめ」(Tel：0287-64-4088)は，店内から餌台にやってくる小鳥が間近に見られ，地元のバードウォッチャーに人気の店である

【After Birdwatching】

- 戸田調整池：那須野が原公園の赤田調整池と同じく，那須疏水から導水している掘り込み式水田灌漑用ダムである。堤長約 1.4km あり，西側の戸田水辺公園に駐車場（無料）とトイレ，展望台がある。冬季には数千羽のカモ類が越冬する。鳥野目河川公園の北西方向に位置し，車で 15 分ほどの距離だ。

こやまだむ

小山ダム

高萩市　MAPCODE® 100 752 589*22

    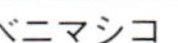

ベニマシコ

小山ダムは堤長 462m，堤高 65m の茨城県内最大のダムである。ダム湖は県道と林道を使用して一周でき，これが探鳥コースとなる。一周約 8km の舗装路で，アップダウンも少なく，安心して野鳥観察を楽しめる。

春，カワガラスが巣立ったころにイワツバメがやってきて，ダムに巣をかける。里からはミソサザイ，ウグイスなどが戻ってくる。続いてクロツグミ，オオルリ，コサメビタキ，ホトトギス，サンコウチョウなどが渡来する。観察ポイントは，ダム湖南側林道の中間点で，ダムからは往復 4km の地点。ポイントまでの林道の鳥影は薄いが，クロツグミの路上採食に出会うなどのハプニングを期待できる。

10 月下旬にはジョウビタキ，ベニマシコが渡ってくる。ベニマシコは県道の切通しの斜面に集まるので，観察は双眼鏡で十分だ。11 月になると，県道の両側にはアトリ，マヒワ，カシラダカ，ミヤマホオジロなどの渡り鳥や，ルリビタキ，カヤクグリ，アオジなどの漂鳥が集まってくる。観察場所となる県道は東西に通じるため，西寄りの風のときは風が吹き抜け，鳥影は極端に薄くなる。また，標高 350 m ながらかなり冷え込むので，降雪後は残雪や凍結が長く残る。こんなときは日当たりのよい融雪場所に野鳥が集まり，路上での採食が見られるのも珍しくない。事前に天候を調査し，観察のプランを練ってから出かけるのが効率的だ。

〔伊澤泰彦〕

探鳥環境

茨城県

ダム俯瞰

夏鳥観察：ダム湖南側の林道（1 車線，大型通行可）で観察。ダムに近いエリアの林道は，舗装路をやぶが覆って歩きづらくなる 6 ～ 11 月の利用は避けたい。冬鳥観察：ダム湖北側の県道（2 車線）沿いの歩道からの観察。切通しや橋の下の斜面が観察ポイント。大型車やツーリングのバイクが走るので，要注意。

鳥情報

季節の鳥／

（春・夏）ノスリ，ミソサザイ，クロツグミ，キビタキ，オオルリ

（秋・冬）クマタカ，カワガラス，ルリビタキ，カヤクグリ，アトリ，マヒワ，ベニマシコ

撮影ガイド／

林道に一般車は入れない。県道沿いに駐車場はない。ダムの脇の駐車場から徒歩で移動しながらの撮影になる。

メモ・注意点／

- 県道沿いの広場は，大型車が木材の積替えや搬出に使用するので，駐車禁止。
- 県道を境に北側は猟場になり銃猟やワナ猟が行われる。11 ～ 2 月は要注意。
- 林業が盛んで，伐採・植林が行われている。私有地も多いので県道や林道から外れないようにしたい。
- イノシシ，スズメバチが多いので要注意。

探鳥地情報

【アクセス】

- 車：常磐自動車道「高萩 IC」から約 10 分
  県道 111 号の仙道坂から右折するが，T 字路入口の看板が小さいので見逃さないように注意

【施設・設備】

- 駐車場：あり（無料）
- トイレ及びトイレ前駐車場：9：00 ～ 16：00
- バリアフリー設備：身障者用トイレ
- ダム管理事務所 1F にロビー・ギャラリー：無料，土日祝日休館
- 食事処：土日祝日のみ営業

【After Birdwatching】

- 五浦美術館：北茨城市大津町椿
  Tel: 0293-46-5311
- 六角堂：北茨城市大津町五浦
  Tel: 0293-46-0766
- 鵜の岬（鵜捕獲場）：日立市十王町伊師

クマタカ　ダム湖景観（夏）

ミヤマホオジロ　オオマシコ

茨城県

ひらいそかいがん・いそざきかいがん

平磯海岸・磯崎海岸

ひたちなか市 MAPCODE® 47 089 488*17

1 2 3 4 5 6 7 8 9 10 11 12

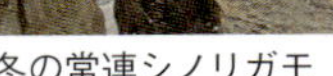

冬の常連シノリガモ

ひたちなか市の海岸は茨城県の海岸線の延長 190 km のほぼ中央に位置し，北から，砂浜の阿字ヶ浦，岩礁地帯の磯崎，平磯，漁港と那珂川河口の那珂湊となり，このうち鳥の観察に適しているのは平磯海岸，磯崎海岸だろう。

磯崎から平磯の岩礁は，7500 ～ 6800 万年前の中生代白亜紀後期の地層が海岸に露出したもので，県の天然記念物にも指定されている。

この岩礁地帯は，冬にはカモメ類，海ガモを軸にさまざまな海鳥が観察できる。10 月中旬にはシノリガモが見られるようになり，順次数を増やしてゆくウミアイサも少し遅れて渡来。このころになるとカモメ類も数が多くなる。沖合では南へと急ぐカモ類が渡っていく。冬の初めごろ，沖合を渡るウミスズメ類，アビ類，海ガモなどがかなりの沖合を通過するが，識別には慣れが必要。

寒さが厳しくなってくると，ウミスズメ類やアビ類が岸近くまで来ることがあり，ウトウ，ケイマフリに遭遇することも。このころは沖合に群れるカモメ類に注目したい。海中からクジラの仲間のスナメリが，上空からはカモメ類が魚を狙い，さらにウミスズメ類，アビ類，ウ類が加わって魚の取り合いになり，見応えのある光景である。トウゾクカモメ類がカモメ類を追うことがあるので，識別に自信のある人はチャレンジしてみよう。

4 月中旬にはシギ・チドリ類が渡来。珍しい種類はあまりいないので，普通種を楽しもう。沖合を北上するミズナギドリ類にも期待。

6 ～ 7 月はコアジサシが見られるがオフシーズンと言っていいだろう。鳥はあまり期待できない。

8 月になると秋のシギ・チドリ類が渡来する。岩礁，防波堤，テトラポッド周辺をていねいに探してみたい。

海沿いの県道 6 号線を往復するようなコースになるので海鳥が中心となり，山野の鳥はあまり期待できないだろう。〔秋田宏幸〕

探鳥環境

茨城県

海が荒れ避難するミユビシギ

県道６号線沿いに海岸が広がり，岩礁地帯が約４km，すべてを徒歩では厳しいがポイントを絞って探鳥してみよう。防波堤，岩礁，テトラポッド，小さな砂浜や砂利の浜がある。潮の干満により若干の環境変化が起こる，春，秋の干潮時には磯にシギ・チドリ類が降り，冬の満潮時はカモ類との距離が近くなることがある。はるか沖合も観察ポイントになるので注目したい。

鳥情報

季節の鳥／

(春・秋)メダイチドリ，キョウジョシギ，トウネン，キアシシギ

(夏)コアジサシ，イワツバメ

(冬)シノリガモ，クロガモ，ウミアイサ，ヒメウ，ウミスズメ，セグロカモメ，オオセグロカモメ，ミユビシギ，ハマシギ，タヒバリ

(通年)イソヒヨドリ，ウミネコ，カワウ

撮影ガイド／

外海のため，被写体は遠く撮影向きではないが，撮影したい場合は焦点距離の長いレンズが望ましい。ウミアイサやシノリガモならば 400 mm くらいでも撮影可能。小さく撮って大きくトリミングが有効かも。潮が引いている時には磯に降りて撮影もできるが，足場は悪い。撮影に夢中になって気が付いたら潮が満ちて戻れない，なんてことにならないように。

メモ・注意点／

- ４～５月の潮干狩り，７～８月の海水浴シーズンは行楽客が押し寄せる。観察地直近に駐車できないこともありうる。有料駐車場または離れたところに駐車しよう。
- 海が時化ている時は県道に波が被ることがあるので，機材を濡らさないように注意。
- 探鳥会は行っていない。文字通り探鳥を楽しんでほしい。

探鳥地情報

【アクセス】

- 車：東水戸道路「ひたちなか IC」から約 10 分
- 電車：JR 常磐線「勝田駅」よりひたちなか海浜鉄道湊線，「平磯駅」下車，徒歩約 10 分
- バス：茨城交通バス「水戸駅」北口３番乗り場より「平磯中学校下（那珂湊駅経由）」行き乗車，「平磯川向町」下車徒歩３分

【施設・設備】

- トイレ：あり，４か所
- 食事処：あり，コンビニは近くに１軒

【After Birdwatching】

- 国営ひたち海浜公園，大洗水族館

岩場に集まるキアシシギ

おぎつやましぜんこうえん

小木津山自然公園

日立市　MAPCODE® 100 185 070*31

1 2 3 4 5 6 7 8 9 10 11 12

ミヤマホオジロ

茨城県北部は，沖合で暖流と寒流がぶつかる特殊な環境のため，動植物の北限種と南限種が混在する。その海岸近くに，アカマツや紅葉落葉樹からなる住宅地に隣接した山林をそのまま自然公園にしたのが小木津山自然公園だ。園内には広場，池，展望台などがあって，歩道が何本も張り巡らされている。その歩道を歩きながら，一年中を通して山野の野鳥や小さな水辺に生息する野鳥を観察することができる。

特に魅力的なのが冬季の 11 月から 3 月まで。ここで冬を越す野鳥が数多くおり，シロハラ，ツグミ，ルリビタキ，ビンズイ，ミソサザイなどが見られる。

そして 4 月末にはオオルリやキビタキ，ヤブサメなどの夏鳥が見られ，夏でも上空をツバメ類 3 種（ツバメ，コシアカツバメ，イワツバメ）が見られる。

秋になるとカケス，ヒヨドリ，アマツバメ，コサメビタキなどの渡りが見られる。園内の池ではカワセミやカルガモ，セグロセキレイなどが姿を見せる。

ここでの探鳥会は定例探鳥会として隔月開催され，約 30 年間，200 回の中で，120 種観察されている。市街地に近く山野の鳥をいつでも身近に観察できる場所である。

また不定期だがミヤマホオジロやオオマシコ，イスカ，アトリ，ハリオアマツバメ，サンコウチョウなどの野鳥も期待できる。

〔矢吹 勉〕

探鳥環境

中央池でカワセミやシロハラを観察

駐車場からスタートして緩やかな坂道を上ると，池のある平坦な場所に出て，周りは広場になっている。園内には尾根を歩いたり，小さな沢を歩いたりする何本もの歩道があり，坂道になっている。北と南の展望台が2か所あり，上空のワシタカ類が楽しめる。

鳥情報

季節の鳥／

(春)オオルリ，キビタキ，ヤブサメ，センダイムシクイ，ウグイス

(夏)ホトトギス，ツバメ，イワツバメ，コシアカツバメ，サンコウチョウ

(秋)アマツバメ，ヒヨドリ，エゾビタキ，カケス，メジロ

(冬)ルリビタキ，ジョウビタキ，シロハラ，シメ，ビンズイ，ミソサザイ，ウソ，ミヤマホオジロ，アカハラ，アオジ，ツグミ，カシラダカ

(通年)エナガ，アカゲラ，アオゲラ，コゲラ，シジュウカラ，ヤマガラ，ノスリ，イカル

撮影ガイド／

山野の小さな野鳥の撮影には300～500mmのレンズが必要。デジタルカメラでも30倍程度のカメラで撮影が楽しめる。市民の散歩やグループ活動などが行われるので，邪魔にならないように撮影場所を選ぶこと。早朝や山道での撮影がチャンス。

問い合わせ先／

日本野鳥の会茨城県
Tel: 029-224-6210(Fax兼用)
日立市都市整備課公園係
Tel: 0294-22-3111(内線263)
3～4月にかけては園内の群生地でヒトリシズカとショウジョウバカマの花が見られる。

探鳥地情報

【アクセス】

- 車：常磐自動車道「日立北IC」より約10分
- 電車：JR常磐線「小木津駅」下車，徒歩10分で公園駐車場

【施設・設備】

- 開園：年中無休
- 入園料：無料
- 駐車場：あり(無料)
- トイレ：あり
- 食事処：特になし

【After Birdwatching】

- 車で約20分の日立市鵜の岬では，鵜飼に使うウミウの捕獲地があり，1～3月と7～9月のシーズンオフには捕獲施設が見学できる。また2014年にコマツグミが日本で初めてここで観察されている。

鵜の岬の海上を群れで南下するウミウ

ひぬま

涸沼

鉾田市，東茨城郡茨城町・大洗町　MAPCODE® 239 435 057*67

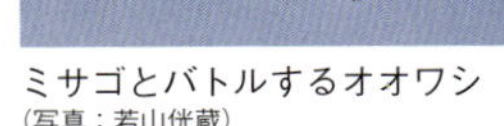

ミサゴとバトルするオオワシ
（写真：若山侊蔵）

ラムサール条約登録湿地の涸沼は，周囲22 km の汽水湖。渡り鳥を主として過去に220 種以上の野鳥観察記録があり，珍鳥記録も少なくない。通年，季節に応じた探鳥が可能だ。

春～夏はシギ・チドリ類やサギ類など，沼周辺での探鳥が主となる。シギ・チドリ類は乾田化で減少しているが，渡りルートのため条件さえ整えば思わぬ出会いがある。車で宮ヶ崎，神山や秋成，前谷，上石崎（東永寺）などの田んぼを回るのがおすすめ。4～5 月は田植え前後の水張り田を，8～9 月上旬には水有り休耕田等を探して回ろう。少し西側の珍鳥飛来地として知られる駒場も余裕があれば回りたい。神山の堤防沿い西端のアシ原と対岸の砂並草原や上石崎のアシ原は夏のヨシゴイ観察ポイントだ。隣接した田んぼを含めてクイナやヒクイナ，タマシギ等も時々見られる。運がよければ付近でアカガシラサギにも会う可能性も。秋成排水機場前の砂並草原は涸沼最大のアシ原で，晩夏には数千羽のツバメのねぐらとなる。

9 月になるとコガモが飛来しはじめ，11 月～3 月初めは涸沼が最もにぎやかな時期。沼には 1 万羽を超えるカモ類とハジロカイツブリやカンムリカイツブリの大群，東側の大谷川河口近辺には数千羽のスズガモが入り壮観だ。しかし最も人気があるのは 1 月下旬～3 月初めごろまで見られるオオワシだろう。同じ 1 羽の個体が 20 年以上飛来している。狩場としている網掛公園から西側の水域がポイントだ。ほかにも沼にはミサゴ，砂並草原はチュウヒの群れがねぐらとし，周辺の田んぼを狩場としている。宮ヶ崎付近から網掛の堤防沿いのアシ原や草地ではオオジュリン等の小鳥類がよく見られるが，対岸の親沢公園も小鳥観察のミニポイントだ。

〔藤井徳寿〕

探鳥環境

大群で飛来するハジロカイツブリ

冬の人気者カワアイサ。ミコアイサも

湖岸に沿い数か所の公園や休憩施設があり，無料駐車場やトイレも完備しており，公園ではキャンプも可能。

鳥情報

季節の鳥／

(春) コチドリ，ムナグロ，キアシシギ，ソリハシシギ，チュウシャクシギ

(夏) サギ類，ヨシゴイ，タマシギ，ホオジロ，ホオアカ，ノビタキ，コアジサシ，アジサシ

(夏・秋) アオアシシギ，コアオアシシギ，タカブシギ，クサシギ，コチドリ，トウネン，ヒバリシギ，メダイチドリ，キョウジョシギ，ツバメチドリ，オオジシギ

(冬) オオワシ，チュウヒ，ミサゴ，ノスリ，コチョウゲンボウ，ミヤマガラス，マガモ，コガモ，オカヨシガモ，スズガモ，キンクロハジロ，ホオジロガモ，ミコアイサ，カワアイサ，カンムリカイツブリ，ハジロカイツブリ，タゲリ，タヒバリ，タシギ，アカハラ，シロハラ，シメ，オオジュリン，カシラダカ，アオジ，カワラヒワ，ベニマシコ

(通年) ハヤブサ，オオタカ，チョウゲンボウ，カワセミ，イソシギ，ヒバリ，ホオジロ，サギ類

撮影ガイド／

オオワシ狙いには 300～500 mm のレンズが必要。

問い合わせ先／

いこいの村涸沼　インフォメーションプラザ
Tel: 0291-37-6001，Fax: 0291-37-6002

メモ・注意点／

- 網掛公園には鳥見台があり西側観察に便利。ただしオオワシ撮影の三脚等での長時間占拠は自粛したい。水鳥観察には狭い堤防道路を歩くので足元に注意。

探鳥地情報

【アクセス】

- 車：網掛公園まで国道 6 号奥谷立体交差点から下り，県道 16 号で約 20 分
- バス：本数が少なくおすすめできない
- 電車：冬季向き。臨海大洗鹿島線「涸沼駅」下車，湖岸に出て大谷川河口付近で探鳥，または健脚の人は網掛公園まで探鳥しながら約 5 km 湖岸を歩くことは可能。ただし列車時刻表をよく調べておくこと

【施設・設備】

- 駐車場：無料（網掛公園，親沢公園，涸沼自然公園，広浦公園，松川夕日の郷）
- トイレ：網掛公園，親沢公園，涸沼自然公園，広浦公園，松川夕日の郷
- キャンプ場：親沢公園，涸沼自然公園（夏季），広浦公園（ログハウスあり），松川夕日の郷
- 食事処：広浦公園，憩いの村涸沼近辺に数か所，松川夕日の郷付近に 1 か所
- 宿泊所：憩いの村涸沼（温泉付，予約要）

【After Birdwatching】

- 地産品ショッピング・シジミ（涸沼周辺に数か所あり）
- ポケットファームどきどき（国道 6 号，奥谷立体より東京方面へ約 2.5km，セブンイレブンのところを右折してから 1.5 km）

つくばさん

筑波山

つくば市，桜川市　　MAPCODE® 123 537 678*44

1 2 3 4 5 6 7 8 9 10 11 12

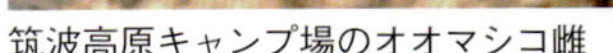
筑波高原キャンプ場のオオマシコ雌

筑波山はその地理的･地形的特徴から多くの野鳥が訪れる。筑波山系は，阿武隈山地の最南端に位置し，南北に長く東西に幅の狭い山容をしている。山野の鳥たちにとって大海原に突き出した半島のように映る。山麓から山頂までの植物の垂直分布は，水平分布に置き換えると，本州最北端の青森県までの分布と一致すると言われている。

春，最初に鳴きはじめるのはヒガラなどのカラ類。4 月下旬から 5 月上旬にかけては，エゾムシクイなどの筑波山では繁殖せず，さらに北上を続ける鳥たちが通過して行く。その後，続々と飛来する夏鳥として山麓ではサシバ，山腹ではクロツグミ，キビタキ，オオルリなどが見られる。山頂付近ではコルリや，時にコマドリの声を聞くこともある。見晴らしのよいところで上空に目をやればハチクマ，オオタカなどの猛禽類を見ることができるだろう。

秋，筑波山以北で繁殖したマミジロなどの夏鳥たちが通過していく。晩秋にかけてはハギマシコなどの冬鳥が飛来する。また，筑波山では冬季に山頂･山麓より中腹のほうが気温の高い逆転層ができる。この逆転層ではルリビタキ，カヤクグリ，クロジなどの漂鳥たちが越冬する。

冬季を除いてソウシチョウが多数見られ，近年，共に特定外来生物に指定されているガビチョウも確認されるようになったことは気がかりである。

筑波山は観察コースがいくつか設定できるが，静かにゆっくり野鳥を観察するには筑波山北斜面を中心とした観察がおすすめだ。代表的なコースは標高差約 400 m，距離約 6 km，所用時間は約 4 時間である。

〔石井省三〕

茨城県

探鳥環境

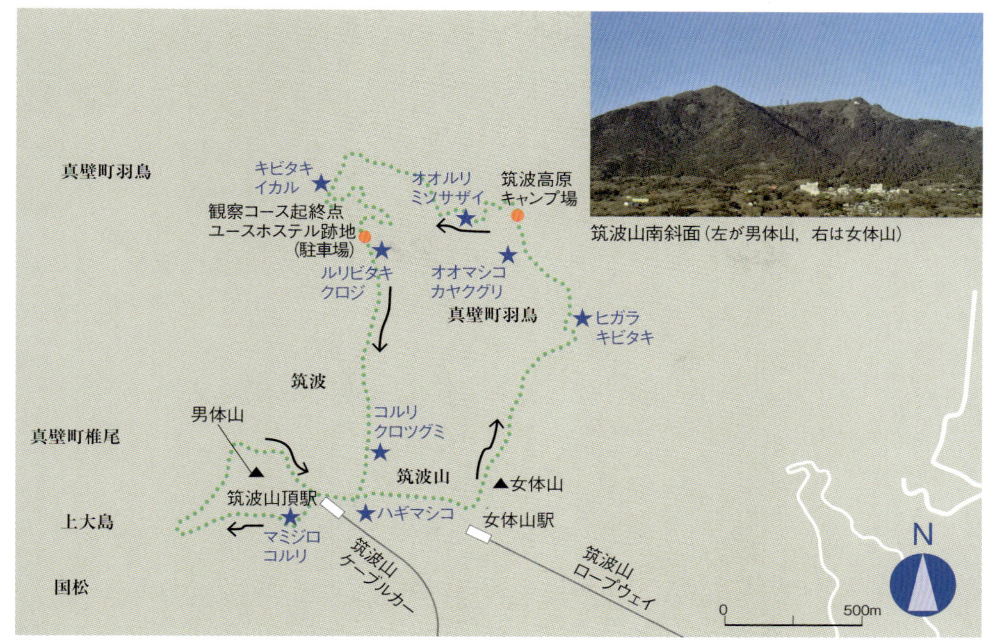

筑波山南斜面（左が男体山，右は女体山）

筑波山の北斜面に，筑波山ユースホステル跡地（標高 555m）を利用した駐車場がある。ここを起終点とし，山頂を目指すと御幸ヶ原（標高 795m）にたどり着く。ここから男体山を取り巻く自然研究路を一周し，次に女体山に向かう。女体山頂手前で筑波高原キャンプ場に降りる下り坂があるので左折。キャンプ場からは山腹を反時計回りに駐車場に戻る。

鳥情報

季節の鳥／

（早春）ヒガラ，エナガ，アオゲラ，アカゲラ
（初夏）エゾムシクイ，コマドリ，ミソサザイ，イカル
（夏）サシバ，クロツグミ，コルリ，キビタキ，オオルリ，ツツドリ，ホトトギス
（秋）ハチクマ，マミジロ，シロハラ
（冬）ハギマシコ，オオマシコ，カヤクグリ，クロジ

撮影ガイド／

撮影に適した場所はなく，観察コースを歩きながらの撮影となる。

メモ・注意点／

- 観察コースの道幅が狭い所が多い。
- 山頂付近は登山者が多く，ほかの利用者の迷惑にならないこと。
- 現在，男体山を取り巻く自然研究路の一部が崩壊しており，迂回が必要。

探鳥地情報

【アクセス】

■車：常磐自動車道「土浦北 IC」から国道 125 号線，県道 14 号線，県道 41 号線を経て約 1 時間。または，北関東自動車道「桜川筑西 IC」から国道 50 号線を水戸方面へ約 1 km，桑田交差点を右折，県道 41 号線を経て約 40 分

【施設・設備】

■駐車場：あり（観察コース起終点に未舗装，約 20 台）
■トイレ：あり（山頂付近，観察コース途中の桜川市筑波高原キャンプ場の駐車場）

【After Birdwatching】

- 筑波山神社（つくば市筑波 1　Tel: 029-866-0502）
- 筑波山梅林
- 筑波研究学園都市
  地質標本館（9：30 ～ 16：30，月曜休館，見学可）
  宇宙航空研究開発機構筑波宇宙センター（10：00 ～ 17：00，無休，見学可）

たかはまかんたくち

高浜干拓地

石岡市　MAPCODE® 112 261 673*12

1 2 3 4 5 6 7 8 9 10 11 12

冬季，河口付近で群れで観察できるヨシガモ（写真：叶内拓哉）

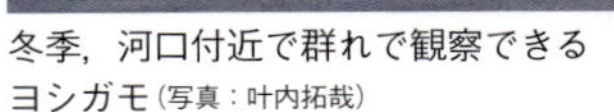

旧八郷町から流れる恋瀬川が霞ヶ浦に注ぎ込む河口周辺とその南に広がる田んぼやハス田の探鳥地。愛郷橋を背に河口に向かい，恋瀬川右岸の堤防を歩く。足元に広がる河口や田んぼ，霞ヶ浦の湖面に注意し，その後は堤防から農道に下り，田んぼやハス田を通る約6 km，3 時間ほどのコースで，午前中なら順光になり，鳥が見やすくなるのでおすすめ。

水鳥の観察は，10 月から 5 月くらいまで，マガモ，コガモ，ヨシガモ，オカヨシガモ，ヒドリガモ，カンムリカイツブリなどが楽しめる。ミコアイサやハシビロガモなどが入ることもあり，恋瀬川河口部ではヨシガモの群れを例年見ることができる。同時に，湖では杭の上に止まるミサゴ，田んぼ周辺では，ノスリ，チョウゲンボウ，ハヤブサ，オオタカなどの猛禽類を目にでき，電線に休むアトリの大群を観察できる年もある。畦周辺では，ツグミ，ヒバリ，タヒバリなどが楽しめ，過去にはマガンや亜種ツメナガセキレイ，コミミズク，最近ではアリスイやノビタキなどが確認されている。

〔久野敏己〕

茨城県

探鳥環境

ノスリ（写真：叶内拓哉）

桜づつみ公園入口

県道 118 号線高浜中央三差路（高浜神社近く）を土浦方面に進み，愛嬌橋を渡ってすぐ左の堤防や下流の河口付近，堤防右側の田んぼやハス田が探鳥地。堤防に沿って河口周辺や霞ヶ浦の湖岸を時計回りに歩き，途中から農道に下り，左右の田んぼに注意しながら元の駐車場へと一周するコースがおすすめ。

鳥情報

季節の鳥

（春・秋）ダイサギ，アマサギ，ツバメ，ユリカモメ，コチドリ
（夏）コアジサシ，チュウサギ，オオヨシキリ，セッカ
（冬）マガモ，ヨシガモ，ヒドリガモ，ノスリ，チョウゲンボウ
（通年）カイツブリ，アオサギ，コサギ，カルガモ，オオバン，カワラヒワ，スズメ，キジバト

撮影ガイド

堤防から水鳥類，農道では山野の鳥の撮影となり，手持ちでの撮影が中心。杭の上のミサゴを狙うなら超望遠レンズが欠かせないが，500 mm 程度のレンズがあれば，十分撮影が楽しめる。堤防斜面に休むチョウゲンボウを至近距離で撮影するのもおもしろい。

メモ・注意点

- 堤防や農道を歩くため，農作業や釣り人の車両が通行することがある。

恋瀬川右岸

探鳥地情報

【アクセス】

- 車：常磐自動車道「石岡小美玉スマート IC」から約 15 分。JR「高浜駅」に向かい，愛郷橋を渡ると「桜づつみ」の看板が目に入る
- 電車・徒歩：JR 常磐線「高浜駅」から徒歩約 10 分。駅前広場右前方から東に伸びる道路を，右手の堤防に沿って信号まで直進。左手に高浜神社，右手に愛郷橋が見えてくる

【施設・設備】

桜づつみ公園

- 駐車場：あり（無料，10 台）
- トイレ：あり（簡易トイレ）
- 食事処：近くにコンビニあり

【After Birdwatching】

- 風土記の丘公園，やさと温泉ゆりの郷など

田んぼの中の農道

うきしましつげん

浮島湿原

稲敷市　MAPCODE® 162 130 851*28

1 2 3 4 5 6 7 8 9 10 11 12

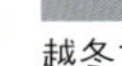

越冬するオオハシシギ

関東地方で唯一の，90 ha あるカヤの草原である。昔は浮島の部落のかやぶき屋根に利用されていたが，現在では寺社用に一部しか刈り取られていない。毎年春から夏にかけて一斉に緑の草原にかわり，オオセッカ，コジュリン，セッカ，コヨシキリなど貴重な小鳥を観察することができる。また，霞ヶ浦と利根川に囲まれた有数の稲作地帯で，田植えの時期になると，多くのシギ・チドリ類が渡りの中継地として利用する。観察舎の背後の水田では，ムナグロ，キョウジョシギ，トウネン，キアシシギ，チュウシャクシギなどが忙しそうに採食している。

夏から秋にかけては，冠水休耕田が少なくなったため，代わりに周辺のハス田の収穫が終わったころを見計らって，シギ・チドリ類がやってくる。中にはオオハシシギやエリマキシギ，ハマシギ，タカブシギ，オジロトウネンなどが越冬する。タシギやタゲリも集団で飛来してハス田や収穫済みの田んぼに入る。

冬が近づくと，チュウヒやハイイロチュウヒなどがねぐらとして利用しており，15～17時ごろ，続々と草原にねぐら入りをする。薄暗くなるとハイイロチュウヒの雄がねぐら入りするので見逃せない。ミサゴやトビ，カワウなどが普通に見られ，タヒバリやハクセキレイ，ムクドリが大挙してねぐら入りするのを狙ってコチョウゲンボウが狩りをするのも目撃できる。枯れたカヤの中の虫を食べるオオジュリンなども間近に見ることができる。冬季は近くにある甘田干拓地と西ノ洲干拓地でも猛禽類が観察できる。〔明日香治彦〕

探鳥環境

おすすめは冬の季節。明るいうちはハス田で越冬するシギ・チドリ類，特にオオハシシギの群れを探そう。また，近くの江戸崎稲波干拓でオオヒシクイを，15 時以降は観察舎からチュウヒのねぐら入りを楽しめる。

鳥情報

季節の鳥／

(春)オオセッカ，コジュリン，セッカ，コヨシキリ，ムナグロ，トウネン，キアシシギ，チュウシャクシギ
(秋)オオジシギ，チュウジシギ，ムナグロ，オオハシシギ，ハマシギ，タシギ，エリマキシギ，タゲリ
(冬)チュウヒ，ハイイロチュウヒ，コチョウゲンボウ，チョウゲンボウ，ノスリ，ハヤブサ，オオジュリン，ホシムクドリ

撮影ガイド／

浮島湿原では観察舎が 2 か所にあり，チュウヒなどの猛禽類狙いには 300 ～ 500 mm の望遠レンズが必要。またシギ・チドリ類の撮影には農道から撮影するのがよいが，農耕車には十分注意をすること。

問い合わせ先／

日本野鳥の会茨城県事務所　Tel: 029 - 224 - 6210

メモ・注意点／

- 浮島湿原は駐車場が完備しているのでそこを利用する。ハス田や水田での観察は農道利用が多いため，農家に迷惑がかからないよう十分に注意すること。

ハイイロチュウヒ雌

チュウジシギ

トウネン

探鳥地情報

【アクセス】

自家用車の利用が好ましい

- 車：圏央道「稲敷 IC」または「稲敷東 IC」から約 10 分
- 電車・バス：千葉県の JR 成田線「佐原駅」下車し，桜東バスにて「押堀」下車。または常磐線「土浦駅」下車，JR バスにて「江戸崎」を経由し，桜東バス「押堀」下車。ただし便数が極端に少ないので注意

【施設・設備】

- 駐車場・トイレ：あり，浮島湿原の前

【After Birdwatching】

- 稲敷市結佐の東中学横にある郷土資料館。

とねがわかこう・はさき

利根川河口・波崎

神栖市（旧波崎町）　MAPCODE® 214 279 779*71

1 2 3 4 5 6 7 8 9 10 11 12

コアジサシ

利根川は，群馬県水上を水源として茨城県神栖市波崎（左岸）と千葉県銚子市（右岸）を経て太平洋鹿島灘に注がれている。国内第2の長さ（322 km）を誇り，流域面積（16,840 km^2）では国内最大の河川である。

河口付近は親潮（千島海流）と黒潮（日本海流）のぶつかる潮目となり，水産資源の豊富な漁場であることから，海鳥や渡り鳥の中継地点となっている。

2005年8月1日，神栖町が波崎町を編入，神栖市波崎となる。古くからの言い伝えでは鳥の羽の形に似ている形状から波崎という名になったと言われている。

波崎の探鳥ポイントは，はさき生涯学習センター，または波崎海水浴場を目標にするとよい。そこから北西に1km ほど行くと波崎海浜植物園がある。ここに車を止め海岸に出ると，春・秋にはシギ・チドリ類が，5月ごろから7月下旬にかけてアジサシ類・ハシボソミズナギドリ，オオミズナギドリの大群，冬季にはカモメ・カモ類などを見ることができる。

次に波崎漁港から利根川導流提の間の水路にはアビ類・ウミアイサ・カイツブリ類，ビロードキンクロ。まれにアラナミキンクロなどが入る。冬季の海の荒れたときには港内にハイイロウミツバメが入ることもある。さらに銚子大橋上流の利根公園付近では夏季はアジサシ類，冬季にはカモメ・カモ類アビ類が見られる。

観察には事前に潮の干満を調べておくと目的の鳥に会える確率が高くなる。

海岸では夏季にコアジサシがコロニーをつくり繁殖しているので巣に立ち入らないように留意されたい。

〔徳元 茂〕

探鳥環境

茨城県

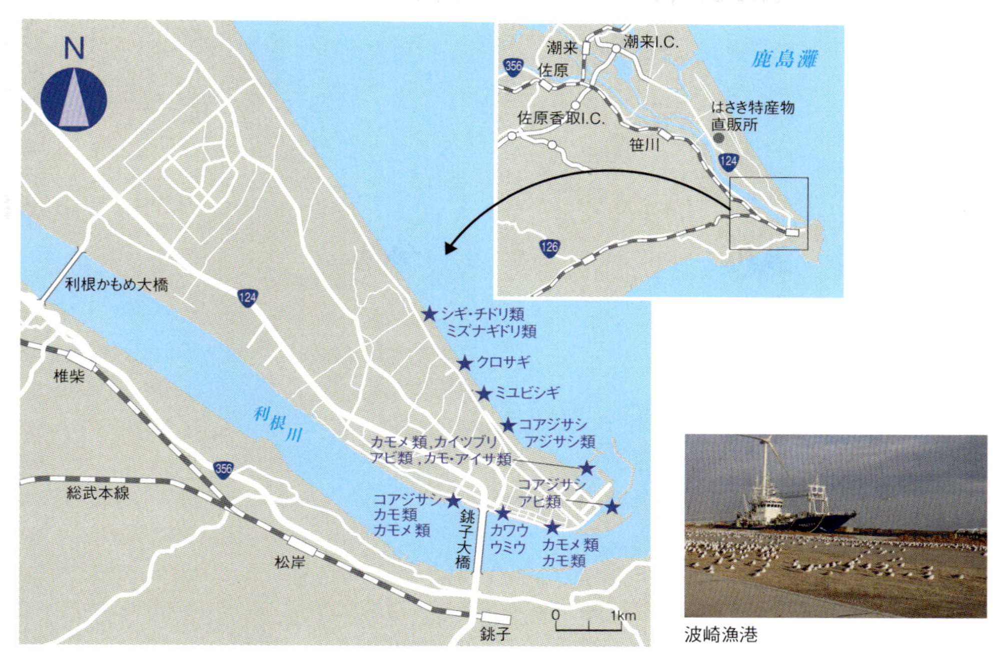

波崎漁港

神栖市波崎は，隣の銚子とともに太平洋に突き出した形状をしており，海鳥の多く見られる場所だ。車なら波崎海水浴場海岸，波崎漁港，かもめ公園前水路，利根川沿いと観察するのもよい。海岸には多くの人が訪れるので早朝がおすすめ。また，台風や海の荒れた日の翌日は，珍鳥・迷鳥が見られることが多い。銚子大橋上流約 500m にある利根公園付近も観察ポイント。

鳥情報

季節の鳥

(春・秋) ミユビシギ，シロチドリ，ハマシギ，オオソリハシシギ，オバシギ，キョウジョシギ，トウネン，キアシシギ，ソリハシシギ，イソシギ，ダイシャクシギ，ホウロクシギ，チュウシャクシギ，ハイイロヒレアシシギ，アカエリヒレアシシギ，ダイゼン，オオタカ，ノスリ，ハヤブサ，チョウゲンボウ，サンショウクイ，オオルリ，キビタキ

(夏) コアジサシ，アジサシ，クロハラアジサシ，ミユビシギ，トウネン

(冬) ユリカモメ，ウミネコ，ミツユビカモメ，セグロカモメ，オオセグロカモメ，シロカモメ，ワシカモメ，カナダカモメ，カモメ，スズガモ，オカヨシガモ，ホシハジロ，ミヤコドリ，ウミアイサ，アビ，シロエリオオハム，オオハム，ミミカイツブリ，ハジロカイツブリ，カンムリカイツブリ，アカエリカイツブリ，シロチドリ，ミユビシギ，ダイゼン

(これまでに見られた珍鳥・迷鳥) アカアシミツユビカモメ，チャガシラカモメ，キョクアジサシ，エリグロアジサシ，オオアジサシ，オニアジサシ，アメリカコアジサシ，ソリハシセイタカシギ，オーストラリアセイタカシギ，ヘラシギ，コウノトリ，クロトキ，オオワシ，セグロサバクヒタキ，ヤツガシラ，メジロガモなど

メモ・注意点

- 4～7 月ごろの海岸は潮干狩り客の車で混雑するので，干潮時間を避けるとよい。漁業関係者やサーファー，釣り客も多いので，トラブルが起きないよう心がけたい。また，車上狙いに注意。

探鳥地情報

【アクセス】

- 車：東関東自動車道「潮来 IC」より約 1 時間，国道 124 号銚子大橋入口から，波崎海水浴場または波崎生涯学習センターへ
- 電車・バス：総武本線「銚子駅」下車，バスで「はさき生涯学習センター行」

【施設・設備】

はさき生涯学習センター

- 開館時間：9：00～17：00　Tel: 0479-44-0001
- 休館日：月曜
- 2 階ロビーにカモメ写真展示あり
- トイレ：あり
- 食事処：近くにコンビニあり

ミユビシギの群れ

茨城県

■取材・執筆（各地域五十音順・敬称略）

●東京都

荒井悦子，糸嶺篤人，井守美穂，岩本愛夢，岡山嘉宏，蒲谷剛彦，川沢祥三，小島みずき，鈴木利幸，髙野 丈，滝島克久，田島基之，中村一也，中村忠昌，西村眞一，増田浩司

●千葉県

浅野俊雄，加藤恵美子，小島久佳，志村英雄，田中義和，田村 満，橋本了次，畑中浩一，本田行男，山形達哉，山口 誠

●埼玉県

浅見 徹，新井 巖，石塚敬二郎，石光 章，榎本秀和，佐野和宏，田中幸男，手塚正義，中村豊己，廣田純平，星 進，吉原俊雄

●神奈川県

秋山幸也，掛下尚一郎，金子典芳，久保廣晃，清水海渡，宮脇佳郎，森越正晴

●群馬県

浅川千佳夫，飯塚 浩，石松喜代司，太田 進，大塚高明，金谷道行，田澤一郎，土屋 等，野口由美子

●栃木県

河地辰彦

●茨城県

秋田宏幸，明日香治彦，伊澤泰彦，石井省三，久野敏己，徳元 茂，藤井徳寿，矢吹 勉

■協力（敬称略）

井の頭バードリサーチ，日本野鳥の会茨城県，日本野鳥の会奥多摩支部，日本野鳥の会神奈川支部，日本野鳥の会群馬，日本野鳥の会埼玉，日本野鳥の会千葉県，日本野鳥の会東京，日本野鳥の会栃木，認定NPO法人行徳野鳥観察舎友の会，認定NPO法人生態工房，NPO法人生態教育センター，（株）生態計画研究所，石亀 明，岩本多生，志賀 眞，山口龍彦

ミヤコドリ
三番瀬海浜公園（千葉県）

新 日本の探鳥地 首都圏編
東京都，神奈川県，埼玉県，千葉県，茨城県，栃木県，群馬県

2017年10月10日 初版第1刷発行
2020年7月10日 初版第2刷発行

編集●BIRDER編集部
（杉野哲也，中村友洋，田口聖子，廣瀬亜紀子，関口優香）
デザイン・編集●ニシ工芸株式会社

発 行 者●斉藤 博
発 行 所●株式会社 文一総合出版
〒162-0812 東京都新宿区西五軒町2-5 川上ビル
Tel:03-3235-7341（営業），03-3235-7342（編集）
Fax:03-3269-1402
http://www.bun-ichi.co.jp/
郵便振替●00120-5-42149
印 刷●奥村印刷株式会社

ISBN978-4-8299-7506-0

NDC488 A5（148 × 210mm）192ページ
乱丁・落丁本はお取り替えいたします。

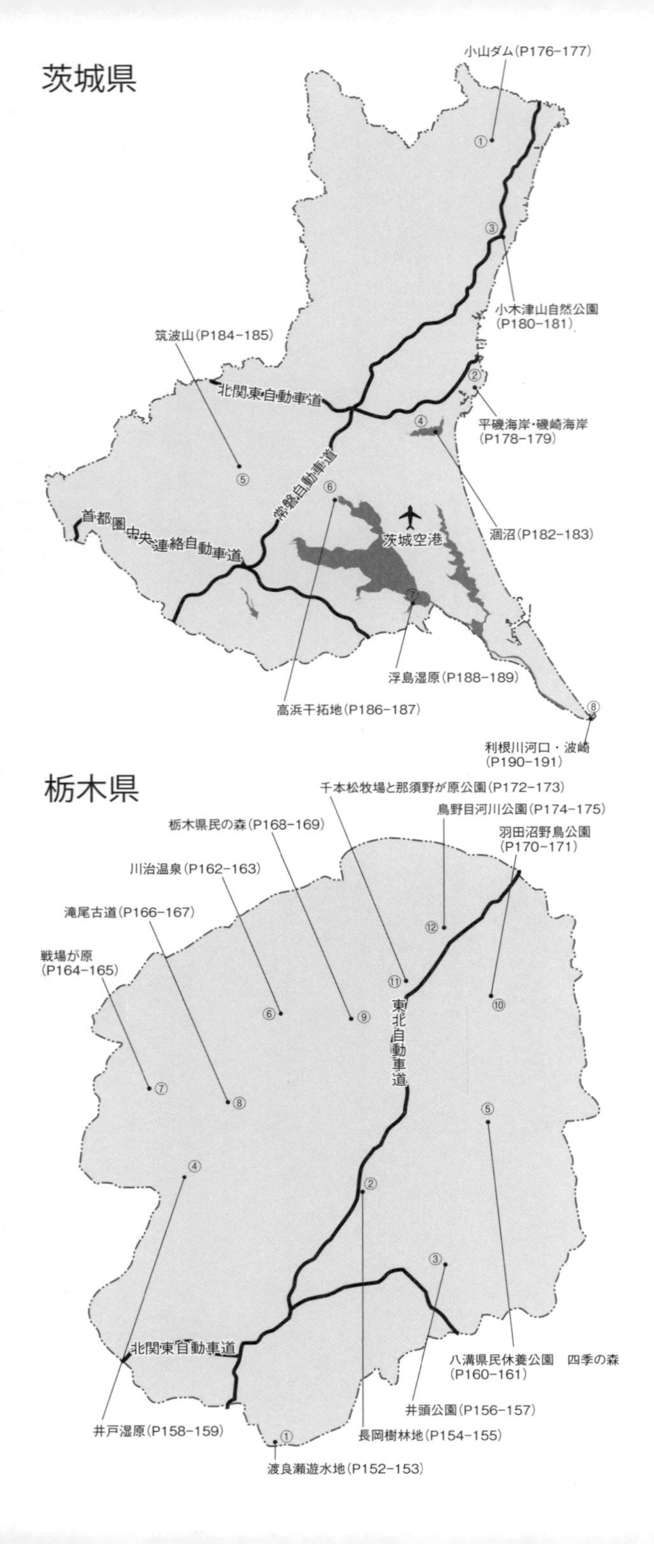
茨城県
小山ダム（P176−177）
小木津山自然公園
（P180−181）
筑波山（P184−185）
北関東自動車道
平磯海岸・磯崎海岸
（P178−179）
常磐自動車道
首都圏中央連絡自動車道
茨城空港
涸沼（P182−183）
浮島湿原（P188−189）
高浜干拓地（P186−187）
利根川河口・波崎
（P190−191）
栃木県
千本松牧場と那須野が原公園（P172−173）
鳥野目河川公園（P174−175）
栃木県民の森（P168−169）
羽田沼野鳥公園
（P170−171）
川治温泉（P162−163）
滝尾古道（P166−167）
戦場が原
（P164−165）
東北自動車道
北関東自動車道
八溝県民休養公園　四季の森
（P160−161）
井頭公園（P156−157）
井戸湿原（P158−159）
長岡樹林地（P154−155）
渡良瀬遊水地（P152−153）